高职高专物联网应用技术专业系列教材

物联网系统设计与应用开发

主　编　李　莉　安　会

参　编　郑玉红　王贺珍

西安电子科技大学出版社

内 容 简 介

本书是高职高专院校物联网技术应用与实践课程的教材。全书采用任务驱动的方式，通过大量生动实用的任务案例循序渐进地讲述物联网系统的开发。本书以 CC2530 微处理器为硬件平台，通过 7 个项目 28 个具体任务详细讲解了 CC2530 基本接口电路开发、传感器项目开发、无线组网技术、C#上位机开发、物联网仿真平台开发等内容。

本书讲解深入浅出，既可作为高职高专院校电气信息类、计算机类专业的教材，也可作为应用型本科同类专业的教材，还可作为信息技术类科研、管理人员和物联网系统设计与开发人员的参考书。

本书配套有开发工具软件、项目程序和课件，需要者可在西安电子科技大学出版社网站下载。

图书在版编目(CIP)数据

物联网系统设计与应用开发 / 李莉，安会主编. —西安：西安电子科技大学出版社，2020.6
(2025.1 重印)
ISBN 978-7-5606-5648-9

Ⅰ. ①物… Ⅱ. ①李… ②安… Ⅲ. ①互联网络—应用 ②智能技术—应用
Ⅳ. ①TP393.4 ②TP18

中国版本图书馆 CIP 数据核字(2020)第 070910 号

策　　划　秦志峰
责任编辑　秦志峰
出版发行　西安电子科技大学出版社(西安市太白南路 2 号)
电　　话　(029)88202421　88201467　　　邮　　编　710071
网　　址　www.xduph.com　　　　　　电子邮箱　xdupfxb001@163.com
经　　销　新华书店
印刷单位　西安日报社印务中心
版　　次　2020 年 6 月第 1 版　　2025 年 1 月第 3 次印刷
开　　本　787 毫米×1092 毫米　1/16　印　张　12.5
字　　数　295 千字
定　　价　31.00 元
ISBN 978-7-5606-5648-9
XDUP 5950001−3
如有印装问题可调换

前　言

随着物联网产业的迅猛发展,物联网已经逐渐改变了社会的生产方式以及人们的工作、生活和娱乐方式。物联网系统涉及的技术很多,对于从事物联网系统开发的工程师来说,需要对软/硬件技术有一定的理解。因此,从事物联网系统开发的人员必须掌握处理器外围接口的驱动开发技术、相应传感器的驱动开发技术、无线组网技术及应用程序的开发技术。

本书以物联网系统的项目开发作为主线,采用任务式驱动的方式,通过大量生动有趣、贴近生活的案例由浅入深地讲述物联网系统的开发。

本书主要结构如下:

项目一介绍物联网的基本概念和无线组网技术;项目二介绍物联网开发的软件环境搭建,从创建第一个 IAR 应用程序入手,介绍如何用 IAR 创建工程,以及如何编译和调试;项目三介绍 CC2530 外围接口电路驱动开发,包含 LED 控制、外部中断、定时器、串口通信、ADC 采集、看门狗等案例,引导读者掌握 CC2530 外围接口电路驱动开发的方法;项目四介绍常用传感器项目开发,在 CC2530 的基础上完成各种传感器的原理学习与开发,包括人体红外传感器、火焰传感器、温湿度传感器、MQ-2 气体传感器、超声波测距传感器、HB1750 光照传感器、继电器控制等;项目五介绍 ZigBee 无线组网技术,包括 ZigBee 协议栈点对点通信、ZigBee 协议栈串口应用、广播和单播、组播通信——多终端控制协调器 LED、无线温湿度采集、智能 LED 控制等;项目六介绍利用 C#进行上位机程序的设计和开发,包括第一个 C#程序——HelloWorld、四则运算、面向连接的 TCP 同步 Socket 通信、委托的定义和使用、JSON 通信协议、智能交通沙盘系统软件的设计等;项目七通过物联网仿真平台讲解物联网系统的仿真设计。

本书由石家庄邮电职业技术学院李莉负责内容规划和编排,并编写了项目一至项目六;安会编写了项目七;郑玉红和王贺珍为本书参编,为本书的编写工作提供了很大帮助。

本书配套有开发工具软件、项目程序和课件,需要者可在西安电子科技大学出版社网站下载。

由于编写时间仓促,加上编者水平有限,书中难免存在疏漏和不妥之处,敬请各位专家和读者批评指正,谨此致谢。

编　者

2020 年 1 月

目　　录

项目一 认识物联网系统

本项目主要讲解物联网的概念、特点、体系架构以及物联网的无线通信技术。

任务1 认识物联网

1. 物联网的概念

物联网是以感知为目的，实现人与人、人与物、物与物全面互联的网络。其突出特征是通过各种感知方式来获取物理世界的信息，结合互联网、移动通信网等进行信息的传递与交互，再采用智能计算技术对信息进行分析处理，从而提升人们对物质世界的感知能力，实现智能化的决策和控制。

视频 1-1

2. 物联网的特点

(1) 各种感知技术的广泛应用。物联网上部署了海量的多种类型的传感器，每个传感器都是一个信息源，不同类别的传感器所捕获的信息内容和信息格式不同。传感器按一定的频率周期性地采集信息，不断更新数据，获得的数据具有实时性。

(2) 建立在互联网上的泛在网络。物联网通过各种有线和无线网络与互联网融合，将物体的信息实时准确地传递出去。在传输过程中，为了保障数据的正确性和及时性，物联网必须适应各种异构网络和协议。

(3) 物联网不仅提供了传感器的连接，其本身也具有智能处理的能力，能够对物体实施智能控制。

3. 物联网的体系架构

物联网分为感知层、网络层和应用层，如图 1-1 所示。

1) 感知层

功能：主要完成信息的采集、转换和收集。

视频 1-2

组成：传感器(或控制器)和短距离传输网络。传感器(或控制器)用来进行数据采集及实现控制；短距离传输网络将传感器收集的数据发送到网关或将应用平台控制指令发送到控制器。

关键技术：主要为传感器技术和短距离传输网络技术。

2) 网络层

功能：主要完成信息传递和处理。

组成：接入单元和接入网络。接入单元是连接感知层的网桥，它汇聚从感知层获得的数据，并将数据发送到接入网络；接入网络即通信网络，包括移动通信网、有线电话网、有线宽带网等。通过接入网络，人们将数据最终传入互联网。

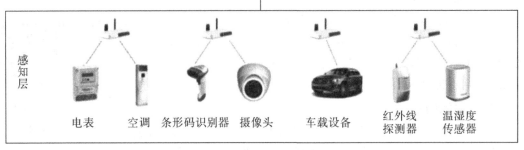

图 1-1　物联网的体系架构

关键技术：既包含现有的通信技术，如移动通信技术、有线宽带技术、公共交换电话网(Public Switched Telephone Network，PSTN)技术、WiFi 通信技术等，也包含终端技术，如实现传感器网络与通信网结合的网桥设备、为各种行业终端提供通信能力的通信模块等。

3) 应用层

功能：主要完成数据的管理和处理，并将这些数据与各行业应用相结合。

组成：物联网中间件和物联网应用。物联网中间件是一种独立的系统软件或服务程序；中间件将许多可以公用的能力进行统一封装，提供给丰富多样的物联网应用。

关键技术：主要是基于软件的各种数据处理技术。此外，云计算技术作为海量数据的存储、分析平台，也将是物联网应用层的重要组成部分。

任务 2　认识无线组网技术

物联网的无线通信技术有很多，主要分为两类：一类是 ZigBee、WiFi、蓝牙(Bluetooth)、Z-Wave 等短距离通信技术；另一类是 LPWAN(Low-Power Wide-Area Network，低功耗广域网)，即广域网通信技术。广域网通信技术又可分为两类：一类是工作于未授权频谱的 LoRa(Long Range)、SigFox 等技术；另一类是工作于授权频谱下，3GPP(3rd Generation Partnership Project，第三代合作伙伴计划)支持的 2G/3G/4G/5G 蜂窝通信技术，如 NB-IoT(Narrow

视频 1-3

Band Internet of Things，窄带物联网)、LTE Cat-m、EC-GSM 等。

1. 短距离通信技术

1) ZigBee 技术

ZigBee 技术是一种无线连接技术，可工作在 2.4 GHz(全球流行)、868 MHz(欧洲流行)和 915 MHz(美国流行)三个频段上，分别具有最高 250 kb/s、20 kb/s 和 40 kb/s 的传输速率。它的传输距离为 10 m～75 m，且可以继续增加。ZigBee 是一种近距离、低复杂度、低功耗、低速率、低成本的双向无线通信技术，主要用于短距离、低功耗且传输速率不高的各种电子设备之间的数据传输及典型的有周期性数据、间歇性数据和低反应时间数据的传输。

2) WiFi 技术

WiFi 俗称无线宽带，是一种基于 IEEE 802.11b 的无线局域网技术。它是一种短程无线传输技术。IEEE 802.11b 的最大数据传输速率为 11 Mb/s，无需直线传播。在动态速率转换时，如果信号变差，可将数据传输速率降低为 5.5 Mb/s、2 Mb/s 和 1 Mb/s。WiFi 支持的范围在室外为 300 m，在办公环境中最长为 100 m。随着技术的发展，以及 IEEE 802.11a 及 IEEE 802.11g 等标准的出现，IEEE 802.11 标准已被统称为 WiFi 技术。

WiFi 技术是目前传输速度最快的技术，产品成本较低，在目前的生活中应用较为普及。目前基于 WiFi 技术的智能家居产品所占的市场份额最大。WiFi 的缺点是安全性差，稳定性弱，功耗大，可连接的设备有限。WiFi 网络的实际规模一般不会超过 16 个，而在智能家居的发展中，开关、照明、家电的数量肯定会远远多于 16 个。因此，WiFi 有其特有的优势，但局限性也很大，其发展受到限制。

3) 蓝牙技术

蓝牙技术是一种基于 2.4 GHz 频段的短距离通信技术，能在手机、平板、笔记本电脑等智能设备中进行无线信息交换。通过蓝牙技术，可以将原本没有联网能力的设备间接地接入互联网。

蓝牙技术理论上能够在最远约 100 m 的设备之间进行短距离连线，但实际使用时大约只有 10 m。在实际应用中，蓝牙协议可以实现设备连接方案。产品通过蓝牙协议与智能手机相连，进而通过互联网与产品相连，可实现远程查看和控制。目前蓝牙普遍被应用在智能手机和智慧穿戴设备的连接以及智慧家庭、车用物联网等领域中。

4) Z-Wave 技术

Z-Wave 技术是一种新兴的基于射频的低成本、低功耗、高可靠、适于网络的短距离无线通信技术。其工作频带为 868.42 MHz(欧洲)～908.42 MHz(美国)，采用 FSK(BFSK/GFSK) 调制方式，数据传输速率为 9.6 kb/s，信号的有效覆盖范围在室内是 30 m，室外可超过 100 m，适合于窄带宽应用场合。随着通信距离的增大，设备的复杂度、功耗以及系统成本都在增加，相对于现有的各种无线通信技术，Z-Wave 技术专门针对窄带应用并采用创新的软件解决方案取代成本高的硬件，因此只需花费其他类似技术的一小部分成本，就可以组建高质量的无线网络。Z-Wave 技术将是最低功耗和最低成本的技术，有力地推动着低速率无线个人区域网的发展。

5) 射频识别技术

射频识别(Radio Frequency IDentification，RFID)技术是一种近距离、低复杂度、低功耗、低数据速率、低成本的无线通信技术。该技术通过高频的无线频率(315 MHz 或 433.92 MHz、868 MHz、915 MHz 等)点对点传输，实现无线通信功能。

2. 广域网通信技术

1) NB-IoT 技术

NB-IoT 技术构建于蜂窝网络，只消耗大约 180 kHz 的带宽，可直接部署于 GSM(Global System for Mobile Communication，全球移动通信系统)网络、UMTS(Universal Mobile Telecommunication System，通用移动通信系统)网络或 LTE(Long Term Evolution，长期演进)网络，以降低部署成本，实现平滑升级。

NB-IoT 是物联网领域一个新兴的技术，支持低功耗设备在广域网的蜂窝数据连接，也被叫做低功耗广域网(Low-Power Wide Area Network，LPWAN)。NB-IoT 支持待机时间长、对网络连接要求较高设备的高效连接。据称，NB-IoT 设备电池寿命可以达到至少 10 年，同时还能提供非常全面的室内蜂窝数据连接覆盖。

信号覆盖方面，NB-IoT 有更好的覆盖能力(20 dB 增益)；连接数量方面，每小区已可以支持 5 万个终端。

2) LoRa 技术

LoRa 是 LPWAN 通信技术中的一种，是美国 Semtech 公司采用和推广的一种基于扩频技术的超远距离无线传输方案。这一方案改变了以往关于传输距离与功耗的折中考虑方式，为用户提供了一种简单的能实现远距离通信、长电池寿命、大容量的系统，进而扩展了传感器网络。目前，LoRa 主要在全球免费频段运行，包括 433 MHz、868 MHz、915 MHz 等。LoRa 技术具有远距离、低功耗(电池寿命长)、多节点、低成本的特性。

几种常见的无线组网方式对比如表 1-1 所示。

表 1-1　无线组网方式对比

通信技术　　　性能	NB-IoT	LoRa	ZigBee	WiFi	蓝牙
组网方式	基于现有蜂窝组网	基于 LoRa 网关	基于 ZigBee 的网关	基于无线路由器	基于蓝牙 Mesh 的网关
网络部署方式	节点	节点+网关(网关部署位置要求较高，需要考虑的因素多)	节点+网关	节点+路由器	节点
传输距离	远距离(可达十几千米)	远距离(可达十几千米，城市中为 1 km～2 km，郊区可达 20 km)	短距离(10 m 至百米级别)	短距离(50 m)	10 m

续表

通信技术性能	NB-IoT	LoRa	ZigBee	WiFi	蓝牙
单网接入节点容量	约20万个	约6万个，实际与网关信道数量、节点发包频率、数据包大小等有关，一般有500～5000个不等	理论上6万多个，一般情况为200～500个	约50个	理论上约6万个
电池续航	理论上约10年/AA电池	理论上约10年/AA电池	理论上约2年/AA电池	数小时	数天
成本	每模块5～10美元，未来目标到1美元	每模块5美元	每模块1～2美元	每模块7～8美元	
频段	License频段、运营商频段	Unlicense频段、Sub-GHz(433 MHz、868 MHz、915 MHz等)	Unlicense频段2.4 GHz	2.4 GHz和5 GHz	2.4 GHz
传输速度	理论上为(160～250)kb/s，实际一般小于100 kb/s，受限于低速通信接口UART(Universal Asynchronous Receiver/Transmitter，通用异步收发传感器)	(0.3～50) kb/s	理论上为250 kb/s，实际一般小于100 kb/s，受限于低速通信接口UART	2.4 GHz：(1～11) Mb/s 5 GHz：(1～500) Mb/s	1 Mb/s
网络时延	6 s～10 s	TBD(待定)	不到1 s	不到1 s	不到1 s
适合领域	户外场景、LPWAN、大面积传感器应用	户外场景、LPWAN、大面积传感器应用。可搭私有网络，覆盖蜂窝网络覆盖不到的地方	常见于户内场景，户外也有LPWAN，小面积传感器应用，可搭私有网络	常见于户内场景，户外也有	
联网时间	3 s		30 ms	3 s	10 s

课 后 练 习

简答题

1. 什么是物联网？物联网有哪些特点？

2. 物联网的体系结构主要包含哪几层？简述每层内容。

3. 列举几种常见的无线通信技术，并比较其特点。

项目二　认识 ZigBee 开发平台

本项目主要学习 ZigBee 开发平台的搭建和使用，包括软件开发平台(IAR 集成开发环境、Z-Stack 协议栈)的搭建与使用、硬件平台 CC2530 开发板的使用。

任务　创建第一个 IAR 应用程序

任务目标

(1) 掌握 IAR 集成开发环境的基本使用方法。

(2) 创建第一个 IAR 应用程序。

相关知识

1. ZigBee 开发平台

开发 ZigBee 无线传感器网应用需要以下开发环境：

(1) IAR 集成开发环境。这是一个功能强大的 8051 系列单片机集成开发环境，支持绝大多数标准和扩展架构的 8051 单片机。本书使用的 IAR 版本号为 8.10，支持 Z-Stack 协议栈 2.5.0。

注意： 不同版本的 Z-Stack 协议栈需要不同版本的 IAR 集成开发环境才能支持。

(2) Z-Stack 协议栈。

(3) CC2530 开发板。目前有众多厂家可以提供 CC2530 射频模块，可实现射频功能。

2. IAR 集成开发环境

嵌入式 IAR Embedded Workbench 适用于 8 位、16 位以及 32 位的微处理器和微控制器，为用户提供了一个易学和具有最大量代码继承能力的开发环境。嵌入式 IAR Embedded Workbench 能有效提高用户的工作效率，通过 IAR 工具，用户可以大大节省工作时间。我们称这个理念为"不同架构，同一解决方案"。

视频 2-1

嵌入式 IAR Embedded Workbench IDE 提供了一个框架，任何可用的工具都可以完整地嵌入其中，这些工具包括：

(1) 高度优化的 IAR AVR C/C++编译器。

(2) AVR IAR 汇编器。

(3) 通用 IAR XLINK Linker。

(4) IAR XAR 库创建器和 IAR XLIB Librarian。

（5）一个强大的编辑器。

（6）一个工程管理器。

（7）TM IAR C-SPY 调试器。

视频 2-2

限于篇幅，本任务略去 IAR 的安装过程，重点讲解 IAR 工程的创建、设置等。

任务实施

1. 创建工程

（1）打开软件，选择"Project"→"Create New Project…"命令，如图 2-1 所示。

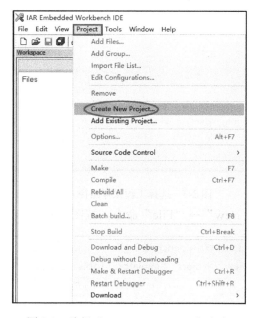

图 2-1　选择"Create New Project"命令

（2）在弹出的"Create New Project"对话框中创建一个空的 8051 工程，单击"OK"按钮，如图 2-2 所示。

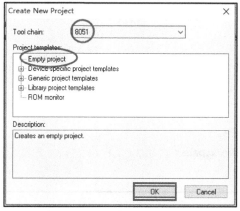

图 2-2　创建一个空的 8051 工程

(3) 将工程保存在自己的工作目录下(确保是英文路径)，给工程取名为"led"，如图 2-3 所示。

图 2-3　选择工程保存路径并命名

(4) 选择"File"→"New"→"File"命令，按图 2-4 所示新建源文件。

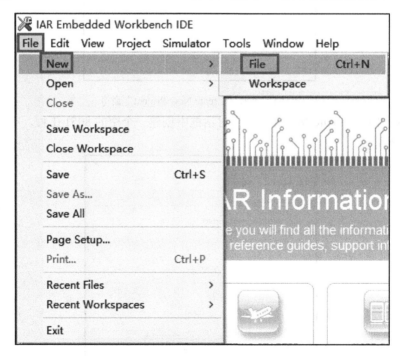

图 2-4　新建源文件

(5) 在弹出的"另存为"对话框中设置源文件保存路径，单击"保存"按钮，将源文件保存为"led.c"，如图 2-5 所示。

图 2-5　保存源文件

(6) 将源文件添加到工程中，具体操作如图 2-6 所示。

(7) 选择"File"→"Save Workspace"命令，在弹出的"Save Workspace As"对话框中设置工程保存路径和工程名，单击"保存"按钮保存工程，如图 2-7 和图 2-8 所示。

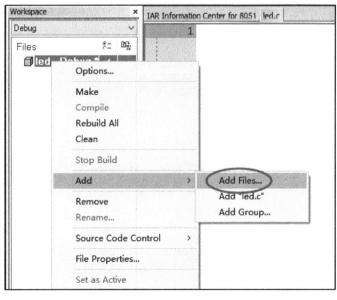

图 2-6　添加源文件

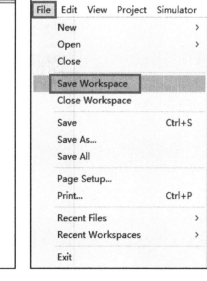

图 2-7　选择"Save WorkSpace"命令

图 2-8　保存工程

2. 工程设置

　　IAR 集成开发环境支持多种处理器, 因此建立工程后, 要对工程进行基本的设置(注意: 只在用 IAR 对 CC2530 进行裸机开发时需要配置, 以后协议栈开发时使用 TI 公司默认的即可, 无需配置)。右击工程, 在弹出的快捷菜单中选择"Options…"命令, 如图 2-9 所示。

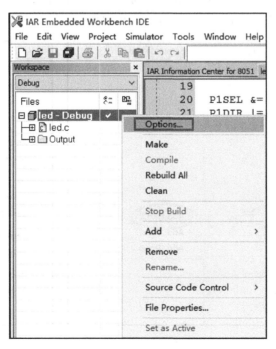

图 2-9　选择"Options…"命令

(1) 选择"General Options"选项，再选择"Target"选项卡，单击 Device 右侧的"…"按钮(图 2-10)，添加图 2-11 所示路径中的"CC2530F256.i51"。其他设置如图 2-12 所示。

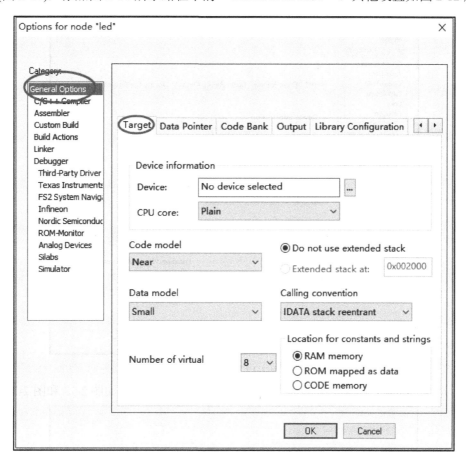

图 2-10　添加路径

图 2-11　选择"CC2530F256.i51"

进行配置设置，保证"General Options"→"Target"的设置和图 2-12 保持一致。

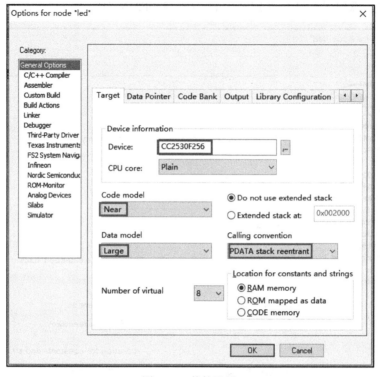

图 2-12　其他设置

(2) 选择"Linker"选项，再选择"Config"选项卡，具体设置如图 2-13 和图 2-14 所示。

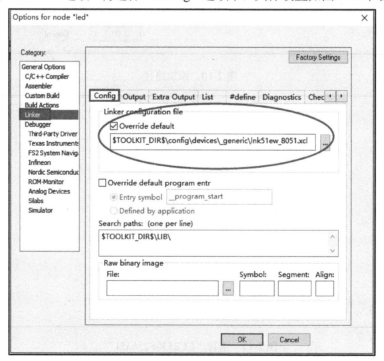

图 2-13　设置"Linker"标签

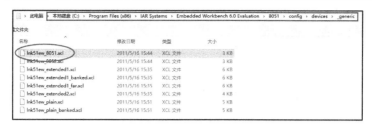

图 2-14 选择 "lnk51ew_8051.xcl"

(3) 选择 "Debugger→Setup" 选项，按图 2-15 和图 2-16 进行设置。

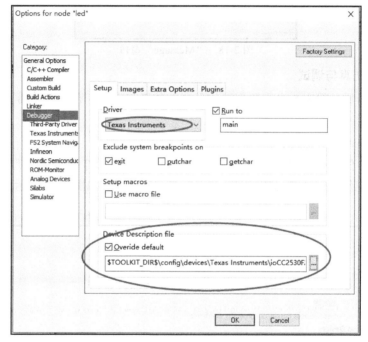

图 2-15 设置 "Debugger" 标签

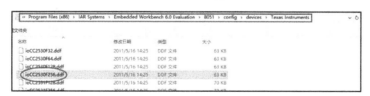

图 2-16 选择 "ioCC30F256.ddf"

(4) 单击 "OK" 按钮，即可完成所有的设置工作。

3. 编译工程

设置好工程后，接下来对工程中的源文件进行保存并编译，如图 2-17 所示。

图 2-17 保存并编译源文件

此时在 IAR 集成开发环境的左下角会打开"Message"窗口，该窗口中包含编译后的警告及错误信息，如图 2-18 所示。

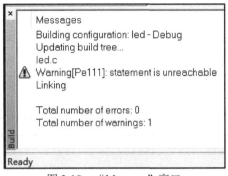

图 2-18　　"Message"窗口

4. 下载、仿真与调试

源程序编译后，就需要进行源程序的下载、仿真与调试，在此之前需要安装相应的仿真器驱动程序。

1) 安装 SmartRF04EB 仿真器驱动程序

(1) 首先用仿真器将 PC 和 ZigBee 连接起来，然后打开设备管理器，可以看到 SmartRF04EB 左侧有一个黄色的叹号，代表驱动没有安装，如图 2-19 所示。下面手动安装它的驱动。

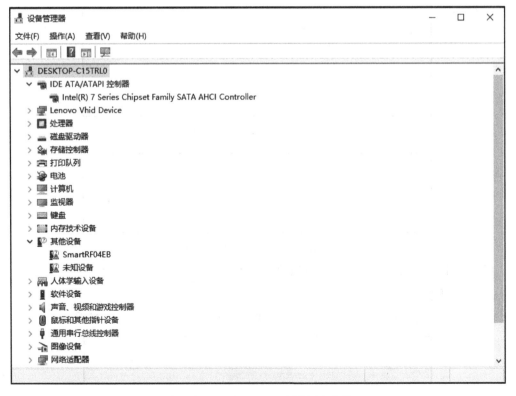

图 2-19　　SmartRF04EB 驱动没有安装

(2) 右击"SmartRF04EB"，在弹出的快捷菜单中选择"更新驱动程序软件(P)…"命令，如图 2-20 所示。

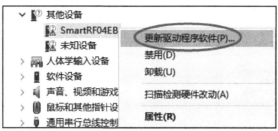

图 2-20　选择"更新驱动程序软件(P)…"命令

(3) 在弹出的"更新驱动程序软件"对话框中选择"浏览计算机以查找驱动程序软件(R)"命令，如图 2-21 所示。

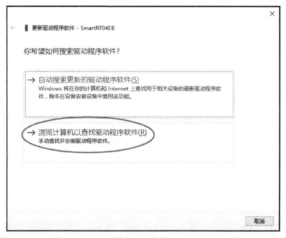

图 2-21　选择"浏览计算机以查找驱动程序软件(R)"命令

(4) 单击"浏览"按钮，选择安装路径 C:\Program Files (x86)\IAR Systems\Embedded Workbench 6.4\8051\drivers\Texas Instruments\win_32bit_x86 或 win_64bit_x64(根据 PC 是 32 位还是 64 位操作系统)，单击"下一步(N)"按钮，如图 2-22 所示。

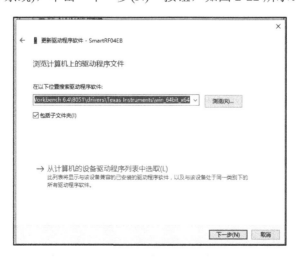

图 2-22　选择安装路径

（5）安装成功后，打开设备管理器，会发现 SmartRF04EB 的驱动程序已经安装成功，如图 2-23 所示。

图 2-23　SmartRF04EB 的驱动安装成功

2）下载与调试程序

确保 SmartRF04EB 仿真器驱动程序已经安装成功，接下来将刚刚建立的 LED 工程下载至开发板。

（1）打开工程，单击"Project→Download and Debug"命令或者单击工具栏中的"下载"按钮 ，将程序下载到 CC2530 开发板。程序下载成功后，IAR 自动进入调试界面，如图 2-24 所示。

视频 2-3

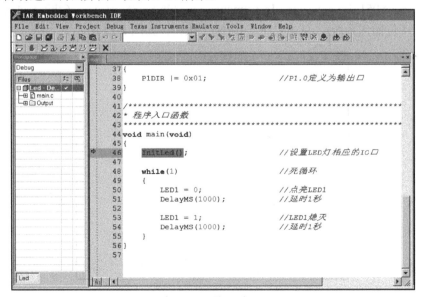

图 2-24　调试界面

（2）调试程序。 为调试区域，从左向右依次为复位按钮 (Reset)、终止运行按钮(Break)、单步调试按钮(Step Over)、进入函数体按钮(Step Into)、跳出函数体按钮(Step Out)、每次执行一个语句按钮(Next Statement)、运行至光标所在处按钮 (Run to Cursor)、全速运行按钮(Go)和退出调试按钮(Stop Debugging)。当程序出现问题时，调试往往可以事半功倍。

在调试的过程中，可以打开 Watch 窗口来观察程序中变量值的变化。在菜单栏中单击 "View" → "Watch" 命令即可打开该窗口，其位于 IAR 的右侧。

Watch 窗口调试方法：将需要调试的变量输入 Watch 窗口的 "Expression" 文本框中，按回车键(Enter)，系统就会实时地将该变量的调试结果显示在 Watch 窗口中，这样就可以借助调试按钮来观察变量值的变化情况，如图 2-25 所示。

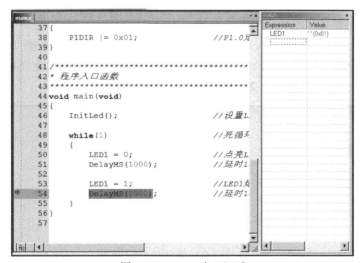

图 2-25 Watch 窗口调试

在调试的过程中，IAR 也支持寄存器的查看。打开寄存器窗口的方法为：在菜单栏单击 "View" → "Register" 命令。默认情况下，寄存器窗口显示基础寄存器的值，选择寄存器下拉框选项可以看到不同设备的寄存器。

在本项目中，LED1 用的是普通 I/O 的 P1 寄存器的 P1_0，通过单步调试，就可以看到 P1 寄存器的变化，如图 2-26 所示。

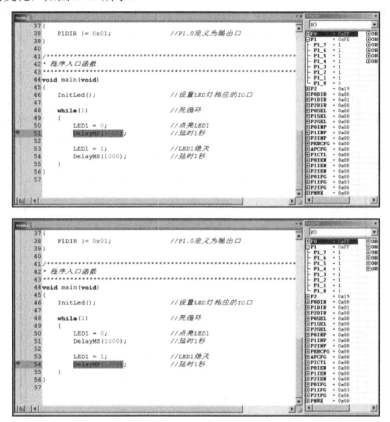

图 2-26   寄存器窗口调试

3) 在 IAR 中标记行号和设置字体

(1) 在 IAR 中可以设置字体大小、关键字的颜色及行号显示。选择"tools"菜单中的"Options"命令，弹出"IDE Options"对话框。选择"Editor"选项，再勾选"Show line number"复选框便可以标记行号，如图 2-27 所示。

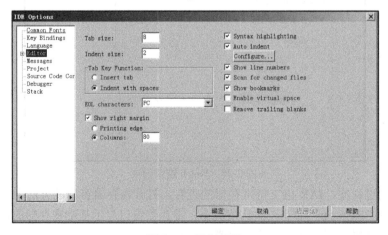

图 2-27   标记行号

(2) 在"Editor"下的"Colors and Fonts"中可以设置字体, 如图 2-28 所示。

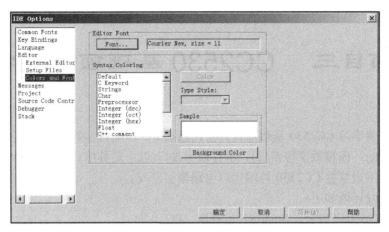

图 2-28 设置字体

课 后 练 习

实践题

1. 进行 IAR 集成开发环境的安装与使用。

2. 进行 IAR 工程的创建、配置、下载与调试。

项目三　　CC2530 基础项目开发

本项目主要学习 CC2530 基础项目开发，包括 I/O 口配置、外部中断、ADC(Analog to Digital Converter，模拟数字转换器)、串行通信接口(以下简称串口)、看门狗等。通过本项目的学习，学生可掌握 CC2530 外围接口电路驱动开发。

本项目开发环境如下：

硬件：CC2530 开发板、SmartRF 仿真器、PC。

软件：IAR 集成开发环境。

任务 1　　LED 控制

任务目标

(1) 学习 CC2530 的 I/O 口配置与驱动，实现 LED 闪烁。

(2) 掌握 CC2530 引脚的基本编程。

相关知识

CC2530(无线片上系统单片机)是用于 IEEE 802.15.4、ZigBee 和 RF4CE 应用的一个真正的片上系统(System on a Chip，SoC)解决方案。CC2530 结合了领先的 2.4 GHz 的 RF 收发器的优良性能、业界标准的增强型 8051 单片机、系统内可编程闪存、8KB RAM(Random Access Memory，随机存取存储器)和许多其他强大的功能。根据芯片内置闪存的不同容量，CC2530 有 4 种不同的型号：CC2530F32/64/128/256，编号后缀分别代表具有 32 KB/64 KB/128 KB/256 KB 的闪存。CC2530 芯片采用 6 mm × 6 mm QFN40 封装，共 40 个引脚，可分为 I/O 引脚、电源引脚和控制引脚，如图 3-1 所示。

视频 3-1

1. 通用 I/O 口

CC2530 有 21 个数字 I/O 引脚，这些引脚具备如下重要特性：

(1) 可以配置为通用 I/O 引脚或外部设备 I/O 引脚 [配置为用于 CC2530 内部 ADC、定时器或 USART(Universal Synchronous/Asynchronous Receiver/Transmitter，通用同步/异步串行接收/发送器)的 I/O 引脚]。

(2) 输入口具备上拉或下拉能力。

(3) 具有外部中断能力，21 个 I/O 引脚都可以用作外部中断源输入口，外部中断可以将 CC2530 从睡眠模式中唤醒。

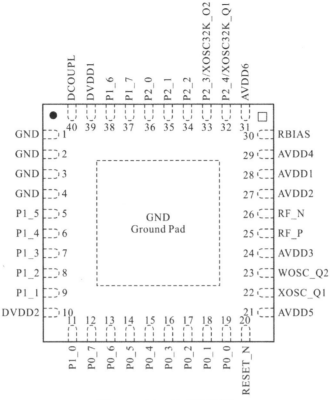

图 3-1　CC2530 芯片引脚

当用作通用 I/O 口时，引脚可以组成三个 8 位端口，即端口 0、端口 1 和端口 2，分别表示为 P0、P1 和 P2。其中 P0 和 P1 是 8 位端口，而 P2 只有 5 位端口可用。所有的端口均可以通过 SFR(Special Function Register，特殊功能寄存器)P0、P1 和 P2 位寻址和字节寻址。在这些 I/O 口中，除了两个高驱动输出口 P1_0 和 P1_1 各具备 20 mA 的输出驱动能力外(这种输出驱动能力对于像红外发射这样的应用尤为重要)，其他所有的输出均具备 4 mA 的驱动能力。

2. 通用 I/O 口相关寄存器

P0 口通过 PxSEL(特殊功能寄存器)、PxDIR(方向寄存器)和 PxINP(输入模式寄存器)进行配置，其中 x 是端口的编号，其数值可以为 0、1 或 2。

(1) P0SEL(P0 功能选择寄存器，P1SEL 同理)寄存器如表 3-1 所示。

表 3-1　P0SEL 寄存器

位	名称	复位	R/W	描　　述
7:0	SELP0_[7:0]	0x00	R/W	P0_7～P0_0 功能选择 0：通用 I／O 1：外部设备功能

特殊功能寄存器的配置方法：通过位操作实现对特殊功能寄存器的配置。例如，如果需要将 P0SEL 的第 3 位设置为 1，则可用 P0SEL |= 0x08(二进制表示为 0000 1000)来实现；如果需要将 P0SEL 的第 3 位设置为 0，则可用 P0SEL &= ~0x08 来实现。

(2) P0DIR(P0 方向寄存器，P1DIR 同理)寄存器如表 3-2 所示。

表 3-2　P0DIR 寄存器

位	名称	复位	R/W	描　述
7:0	DIRP0_[7:0]	0x00	R/W	P0_7～P0_0 I/O 方向 0：输入 1：输出

(3) P0INP(P0 输入模式寄存器，P1INP 同理)寄存器如表 3-3 所示。

表 3-3　P0INP 寄存器

位	名称	复位	R/W	描　述
7:0	MDP0_[7:0]	0x00	R/W	P0_7～P0_0 的输入模式 0：上拉/下拉 1：三态

任务实施

1. 硬件电路

本任务的原理电路如图 3-2 所示。其中，二极管 LED1～LED3 分别串联一个 1 kΩ 的限流电阻，然后连接到 CC2530 的 P1_0、P1_1 和 P1_4 引脚上。由于发光二极管具有单向导电特性，即只有在正向电压(二极管的正极接高电平，负极接低电平)下才能导通发光，因此当 P1_0 引脚输出低电平时 LED1 亮，反之熄灭。P1_1 和 P1_4 同理。

2. 开发内容

功能描述：通过 CC2530 的 I/O 引脚控制二极管 LED1 的亮和灭，程序逻辑流程如图 3-3 所示。

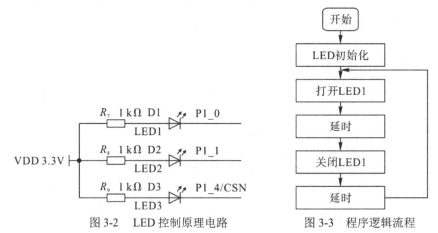

图 3-2　LED 控制原理电路　　　　图 3-3　程序逻辑流程

通过图 3-2 可知，要实现 LED1 的亮和灭，只需配置 P1_0 引脚即可，然后将引脚适当地输出高低电平即可实现灯的闪烁控制。下面是源码实现的解析过程。

```
/*主函数*/
void main(void)
```

```
    {
        InitLed();                          //设置 LED 相应的 I/O 口

        while(1)                            //死循环
        {
            LED1 = 0;                       //点亮 LED1
            DelayMS(1000);                  //延时 1 s

            LED1 = 1;                       //LED1 熄灭
            DelayMS(1000);                  //延时 1 s
        }
    }
```

主函数主要实现了以下功能：

(1) 初始化 LED 函数 InitLed()，设置 P1_0 为普通 I/O 口，方向为输出。

(2) 在主函数中使用 while(1)，等待 LED 的亮灭。

```
#include <ioCC2530.h>
typedef unsigned char uchar;
typedef unsigned int    uint;
#define LED1 P1_0                           //定义 P1_0 口为 LED1 控制端
/*延时函数*/
void DelayMS(uint msec)
{
    uint i,j;

    for (i=0; i<msec; i++)
        for (j=0; j<535; j++);
}
```

上述代码实现了延时函数：以毫秒为单位延时，系统时钟不配置时默认为 16 MHz。

```
/*LED1 初始化函数*/
void InitLed(void)
{
    P1SEL &= ~0x01;                         //P1_0 定义为普通 I/O 口
    P1DIR |= 0x01;                          //P1_0 定义为输出口
}
```

上述代码实现了 LED 的初始化：设置 P1_0 为普通 I/O 口，方向为输出。

3. 开发步骤

(1) 编写程序并编译，正确连接 CC2530 开发板与仿真器，选择"Project"→"Download and debug"命令，将程序下载到 CC2530 开发板中。CC2530 开发板与仿真器接线如图 3-4 所示。

(2) 下载完成后，选择"Debug"→"Go"命令全速运行，也可以将 CC2530 重新上电或者按复位按钮，让刚才下载的程序重新运行。

(3) 观察 LED 的闪烁情况，修改延时函数，可以改变 LED 的闪烁间隔时间。

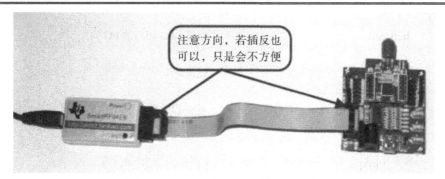

图 3-4　CC2530 开发板与仿真器接线

任务2　外部中断

任务目标

(1) 理解 CC2530 外部中断，掌握外部中断的编写流程。

(2) 学会如何捕获一个外部中断和 CC2530 捕获外部中断后的处理流程。

相关知识

视频 3-2

1. 中断概述

CC2530 有 18 个中断源，每个中断源都可以产生中断请求，中断请求可以通过设置中断使能 SFR 中断使能位 IEN0、IEN1 或 IEN2 使能或禁止中断。CC2530 的中断源如表 3-4 所示。

表 3-4　CC2530 的中断源

中断源号码	描　述	中断源名称	中断向量地址	中断屏蔽, CPU	中断标志, CPU
0	RF TX FIFO 下溢或 RX FIFO 溢出	RFERR	03h	IEN0.RFERRIE	TCON.RFERRIF
1	ADC 转换结束	ADC	0Bh	IEN0.ADCIE	TCON.ADCIF
2	USART0 RX 完成	URX0	13h	IEN0.URX0IE	TCON.URX0IF
3	USART1 RX 完成	URX1	1Bh	IEN0.URX1IE	TCON.URX1IF
4	AES 加密/解密完成	ENC	23h	IEN0.ENCIE	S0CON.ENCIF
5	睡眠计时器比较	ST	2Bh	IEN0.STIE	IRCON.STIF
6	端口 2 输入/USB	P2INT	33h	IEN2.P2IE	IRCON2.P2IF
7	USART0 TX 完成	UTX0	3Bh	IEN2.UTX0IE	IRCON2.UTX0IF
8	DMA 传送完成	DMA	43h	IEN1.DMAIE	IRCON.DMAIF
9	定时器 T1 (16 位)捕获/比较/溢出	T1	4Bh	IEN1.T1IE	IRCON.T1IF

续表

中断源号码	描　述	中断源名称	中断向量地址	中断屏蔽, CPU	中断标志, CPU
10	定时器 T2(16 位)MAC 定时器	T2	53h	IEN1.T2IE	IRCON.T2IF
11	定时器 T3 (8 位)捕获/比较/溢出	T3	5Bh	IEN1.T3IE	IRCON.T3IF
12	定时器 T4 (8 位)捕获/比较/溢出	T4	63h	IEN1.T4IE	IRCON.T4IF
13	端口 0 输入	P0INT	6Bh	IEN1.P0IE	IRCON.P0IF
14	USART1 TX 完成	UTX1	73h	IEN2.UTX1IE	IRCON2.UTX1IF
15	端口 1 输入	P1INT	7Bh	IEN2.P1IE	IRCON2.P1IF
16	RF 通用中断	RF	83h	IEN2.RFIE	S1CON.RFIF
17	看门狗计时溢出	WDT	8Bh	IEN2.WDTIE	IRCON2.WDTIF

当相应的中断源使能并发生时，中断标志将自动置 1，然后程序跳往中断服务程序的入口地址执行中断服务程序，待中断服务程序处理完毕后，清除中断标志位。

中断服务程序的入口地址即中断向量，CC2530 的 18 个中断源对应了 18 个中断向量，中断向量定义在头文件"ioCC2530.h"中。<ioCC2530.h>中断向量的定义如下：

```
/* -------------------------------------
*            Interrupt Vectors
* -------------------------------------*/
#define   RFERR_VECTOR      VECT(  0, 0x03 )   /* RF 内核错误中断*/
#define   ADC_VECTOR        VECT(  1, 0x0B )   /* ADC 转换结束*/
#define   URX0_VECTOR       VECT(  2, 0x13 )   /* USART0 RX 完成*/
#define   URX1_VECTOR       VECT(  3, 0x1B )   /* USART1 RX 完成*/
#define   ENC_VECTOR        VECT(  4, 0x23 )   /* AES 加密/解密完成*/
#define   ST_VECTOR         VECT(  5, 0x2B )   /*睡眠计时器比较*/
#define   P2INT_VECTOR      VECT(  6, 0x33 )   /*端口 2 中断*/
#define   UTX0_VECTOR       VECT(  7, 0x3B )   /* USART0 TX 完成*/
#define   DMA_VECTOR        VECT(  8, 0x43 )   /* DMA 传送完成*/
#define   T1_VECTOR         VECT(  9, 0x4B )   /* 定时器 T1(16 位)捕获/比较/溢出*/
#define   T2_VECTOR         VECT( 10, 0x53 )   /* Timer2(MAC 定时器)*/
#define   T3_VECTOR         VECT( 11, 0x5B )   /* 定时器 T3(8 位)捕获/比较/溢出*/
#define   T4_VECTOR         VECT( 12, 0x63 )   /* 定时器 T4(8 位)捕获/比较/溢出*/
#define   P0INT_VECTOR      VECT( 13, 0x6B )   /*端口 0 中断*/
#define   UTX1_VECTOR       VECT( 14, 0x73 )   /* USART1 TX 完成*/
#define   P1INT_VECTOR      VECT( 15, 0x7B )   /*端口 1 中断*/
#define   RF_VECTOR         VECT( 16, 0x83 )   /* RF 通用中断*/
#define   WDT_VECTOR        VECT( 17, 0x8B )   /*看门狗计时溢出*/
```

中断优先级将决定中断响应的先后顺序，在 CC2530 中分为 6 个中断优先级组，即 IPG0～IPG5，每一组中断优先级组中有 3 个中断源。中断优先级组的划分如表 3-5 所示。

表 3-5　中断优先级组的划分

组	中　　断		
IPG0	RFERR	RF	DMA
IPG1	ADC	T1	P2INT
IPG2	URX0	T2	UTX0
IPG3	URX1	T3	UTX1
IPG4	ENC	T4	P1INT
IPG5	ST	P0INT	WDT

中断优先组的优先级由寄存器 IP0 和 IP1 来设置。CC2530 的优先级有 4 级，即 0～3 级，其中 0 级的优先级最低，3 级的优先级最高。优先级设置如表 3-6 所示。

表 3-6　优先级设置

IP1_x	IP0_x	优先级
0	0	0——最低级别
0	1	1
1	0	2
1	1	3——最高级别

其中 IP1_x 和 IP0_x 的 x 取值为优先级组 IPG0～IPG5 中的任意一个。例如，设置优先组 IPG0 为最高优先级组，则设置如下：

　　　IP1_IPG0=1;

　　　IP0_IPG0=1;

如果同时收到相同优先级或同一优先级组中的中断请求，将采用轮流检测顺序来判断中断优先级的响应。

中断编程的一般过程如下：

(1) 中断设置：根据外部设备的不同具体的设置是不同的，一般至少包含启用中断。

(2) 中断函数的编写：这是中断编程的主要工作。需要注意的是，中断函数应尽可能地减少耗时或不进行耗时操作。

CC2530 所使用的编译器为 IAR，在 IAR 编译器中使用关键字_interrupt 来定义一个中断函数，使用#pragma vector 来提供中断函数的入口地址，并且中断函数没有返回值，没有函数参数。中断函数的一般格式如下：

```
#pragma vector=中断向量
_interrupt void 函数名(void)
{
    /*中断程序代码*/
}
```

2. 寄存器配置

(1) P1IEN 寄存器：各个控制口的中断使能，0 为中断禁止，1 为中断使能。P1IEN 寄存器配置如表 3-7 所示。

表 3-7   P1IEN 寄存器配置

D7	D6	D5	D4	D3	D2	D1	D0
P1_7	P1_6	P1_5	P1_4	P1_3	P1_2	P1_1	P1_0

例如，使能 P1.5 中断：P1IEN |= 0x20(二进制为 0010 0000)。

(2) PICTL 寄存器：D0~D3 设置各个端口的中断触发方式，0 为上升沿触发，1 为下降沿触发。PICTL 寄存器配置如表 3-8 所示。

表 3-8   PICTL 寄存器配置

D7	D6	D5	D4	D3	D2	D1	D0
I/O 驱动能力	未使用	未使用	未使用	P2_0~P2_4	P1_4~P1_7	P1_0~P1_3	P0_0~P0_7

例如，P1 为下降沿触发：PICTL |= 0x04(二进制为 0000 0100)。

(3) IEN2 寄存器：中断使能 2，0 为中断禁止，1 为中断使能。IEN2 寄存器配置如表 3-9 所示。

表 3-9   IEN2 寄存器配置

D7	D6	D5	D4	D3	D2	D1	D0
未使用	未使用	看门狗定时器	端口 1	USART1 TX	USART0 TX	端口 2	RF 一般中断

例如，P1 口中断使能：IEN2 |= 0x10(二进制为 0001 0000)。

(4) P1IFG 寄存器：端口 1 中断标志，0 为无中断，1 为有中断。P1IFG 寄存器配置如表 3-10 所示。

表 3-10   P1IFG 寄存器配置

D7	D6	D5	D4	D3	D2	D1	D0
P1_7	P1_6	P1_5	P1_4	P1_3	P1_2	P1_1	P1_0

例如，清除 P1.5 中断标志：P1IFG &= 0xDF(二进制为 1101 1111)。

任务实施

1. 硬件电路

本任务是实现按键控制 LED 亮灭，相关电路如图 3-5 所示。由图 3-5 可以看出，按键 S1 接在了 CC2530 的 P0_1 引脚上，当按下按键 S1 时，P0_1 引脚变为低电平；松开按键，P0_1 引脚变为高电平。可以设置单片机检测 P0_1 引脚上升沿或者下降沿来触发中断。

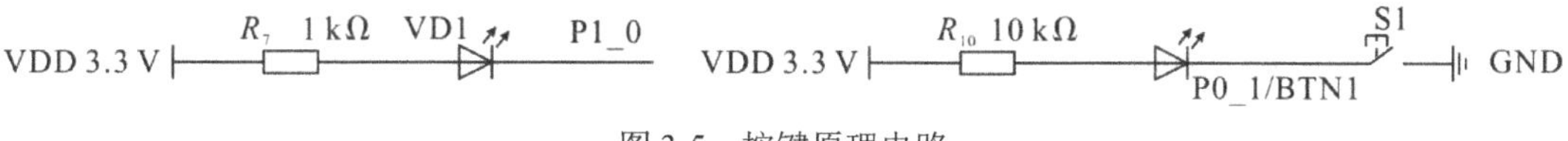

图 3-5 按键原理电路

按照上述寄存器的内容，对 P1_0 口进行配置，当 P1_0 口输出低电平时，VD1 被点亮。S1 按下时，P0_1 口产生外部中断，从而控制 D1 的亮灭，所以配置如下：

```
        P1DIR |= 0x01;          //P1_0 口定义为输出
    按键 S1 配置如下：
        P0IEN |= 0x02;          //开 P0 口中断
        PICTL |= 0x01;          //端口 0 下降沿触发
        IEN1 |= 0x20;           //允许 P0 口中断
```

2. 开发内容

首先初始化 I/O 口，包括 LED 引脚的初始化和按键的初始化。把 LED 引脚设为一般的 I/O 口输出，按键的引脚设为输入，然后使能按键的中断，编写按键中断服务函数和主函数。程序流程如图 3-6 所示。

视频 3-3

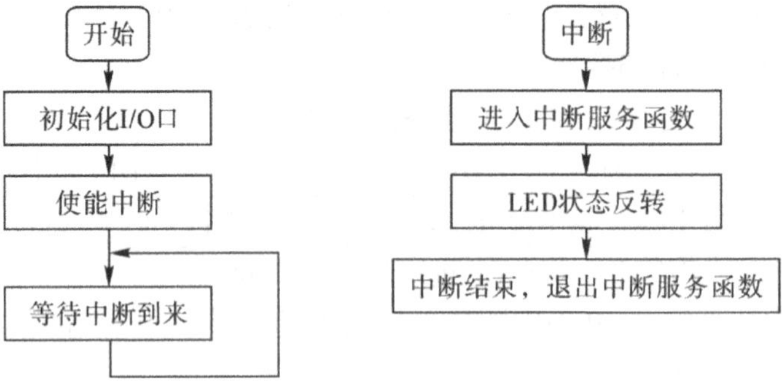

图 3-6　程序流程

本任务通过外部中断(按键中断)来控制 LED 的亮灭，下面是源码实现的解析过程：

```
/*main()函数*/
void main(void)
{
    InitLed();              //设置 LED 相应的 I/O 口
    InitKey();              //设置 S1 相应的 I/O 口
    while(1)
    {
    }
}
```

主函数实现了以下功能：

(1) LED 初始化函数 InitLed()：设置 P1_0 为普通 I/O 口，设置 P1 为输出。

(2) 按键初始化函数 InitKey()：配置外部中断的相关寄存器。

(3) 使用 while(1)等待中断。

LED 初始化函数代码如下：

```
/*LED 初始化函数*/
void InitLed(void)
{
    P1DIR |= 0x01;          //P1_0 口定义为输出口
    LED1 = 1;               //LED1 灯上电默认为熄灭
}
```

按键初始化函数代码如下：

```
/*按键初始化函数*/
void InitKey()
{
    P0IEN |= 0x02;          //开 P0 口中断
    PICTL |= 0x01;          //下降沿触发
    IEN1 |= 0x20;           //允许 P0 口中断
```

```
    P0IFG = 0x00;          //初始化中断标志位
    EA = 1;                //打开总中断
}
```

上述代码实现了按键的初始化，根据图 3-5 可知，将 P0_1 的 I/O 口设置为外部中断，下降沿触发。

当检测到有外部中断(按键中断)即按键按下时，便会触发中断处理函数，LED 状态翻转。中断处理函数代码如下：

```
/*中断处理函数*/
#pragma vector = P1INT_VECTOR
__interrupt void P1_ISR(void)
{
    DelayMS(10);           //延时去抖
    LED1 = ~LED1;          //改变 LED1 状态
    P0IFG = 0;             //清中断标志
    P0IF = 0;              //清中断标志
}
```

3. 开发步骤

(1) 编写程序并编译，正确连接 CC2530 开发板与仿真器。选择"Project"→"Download and debug"命令，将程序下载到 CC2530 开发板中。

(2) 下载完成后，选择"Debug"→"Go"命令全速运行，也可以将 CC2530 重新上电或者按复位按钮，让刚才下载的程序重新运行。

(3) 程序运行后，按下按键，会发现 LED 的亮灭状态发生改变。

思考：修改中断处理程序，控制两个 LED 的变化。

任务3　定　时　器

任务目标

(1) 定时器 T1 通过查询方式控制 LED1 周期性闪烁。
(2) 掌握 CC2530 定时器的使用。

相关知识

视频 3-4

1. 定时器 T1 简介

CC2530 共有四个定时器 T1、T2、T3 和 T4，定时器用于范围广泛的控制和测量应用，可以实现诸如电动机控制之类的应用。

定时器 T1 是一个独立的 16 位定时器，支持典型的定时/计数功能，如输入捕获、输出比较和 PWM(Pulse Width Modulation，脉宽调制)功能。定时器 T1 有五个独立的捕获/比较通道，每个通道定时器使用一个 I/O 引脚。定时器 T1 的功能如下：

(1) 五个捕获/比较通道。

(2) 上升沿、下降沿或任何边沿的输入捕获。

(3) 设置、清除或切换输出比较。

(4) 自由运行、模或正计数/倒计数操作。

(5) 可被 1、8、32 或 128 整除的时钟分频器。

(6) 在每个捕获/比较和最终计数上生成中断请求。

(7) DMA (Direct Memory Access，直接存储器访问)触发功能。

2. 定时器 T1 的操作模式

定时器 T1 的操作模式包括自由运行模式、模模式和正计数/倒计数模式。

(1) 自由运行模式(图 3-7)。在自由运行模式下，计数器从 0x0000 开始计数，每个活动时钟边沿增加 1。当计数器累计计数达到 0xFFFF 时，CPU 自动置位标志 IRCON.T1IF 和 T1STAT.OVFIF。如果设置了相应的中断使能标志位 IEN1.T1EN，CPU 将产生一个中断请求。当最终计数值达到 0xFFFF 时，CPU 将 0x0000 重新装载到计数器中，计数器继续进行累加。自由运行模式可以用于产生独立的时间间隔，输出信号频率。

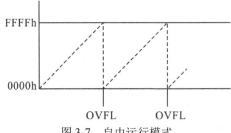

图 3-7　自由运行模式

(2) 模模式(图 3-8)和正计数/倒计数模式(图 3-9)。模模式和正计数/倒计数模式与自由运行模式类似。模模式产生溢出的条件是计数器累加的计数值与寄存器 T1CC0 中保存的值相等，如果设置了中断标志位，则 CPU 产生中断请求。正计数/倒计数模式产生溢出的条件是计数器累加到的计数值与寄存器 T1CC0 中保存的值相等再反向累减到计数器的数值为 0。同理，该模式也可以产生中断请求。

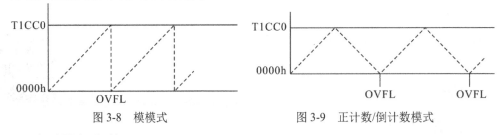

图 3-8　模模式　　　　　　　　　图 3-9　正计数/倒计数模式

3. 定时器定时时间

定时器定时时间公式如下：

$$定时时间 = 定时器溢出计数次数 \times \frac{分频值}{主时钟频率} \tag{3-1}$$

以定时器 T1 为例，设定好定时器初值，启动定时器时将从当前初值开始累加(假设设置定时器 T1 为正计数模式)，当累加到 0xFFFF 时，定时器 T1 会产生溢出，请求一次中断，

并将初值重新装入设置寄存器，然后重新开始计数。所以，定时时间为

$$定时时间 = (0xFFFF - 初始值) \times \frac{分频值}{主时钟频率} \tag{3-2}$$

4. 定时器 T1 的主要寄存器

定时器 T1 由以下寄存器组成。

(1) T1CTL：定时器 T1 控制，如表 3-11 所示。

表 3-11 T1CTL——定时器 T1 控制

位	名 称	复位	R/W	描 述
7:4	—	00000	R0	保留
3:2	DIV[1:0]	00	R/W	分频器划分值。产生主动的时钟边缘用来更新计数器，如下： 00：标记频率/1； 01：标记频率/8； 10：标记频率/32； 11：标记频率/128
1:0	MODE[1:0]	00	R/W	选择定时器 T1 模式。定时器操作模式通过下列方式选择： 00：暂停运行； 01：自由运行，从 0x0000 到 0xFFFF 反复计数； 10：模，从 0x000 到 T1CC0 反复计数； 11：正计数/倒计数，从 0x000 到 T1CC0 反复计数且从 T1CC0 倒计数到 0x0000

(2) T1STAT：定时器 T1 状态，如表 3-12 所示。

表 3-12 T1STAT——定时器 T1 状态

位	名称	复位	R/W	描 述
7:6	—	0	R0	保留
5	OVFIF	0	R/W0	定时器 T1 计数器溢出中断标志。当计数器在自由运行或模模式下达到最终计数值时设置，当在正计数/倒计数模式下达到零时倒计数。写 1 没有影响
4	CH4IF	0	R/W0	定时器 T1 通道 4 中断标志。当通道 4 中断条件发生时设置。写 1 没有影响
3	CH3IF	0	R/W0	定时器 T1 通道 3 中断标志。当通道 3 中断条件发生时设置。写 1 没有影响
2	CH2IF	0	R/W0	定时器 T1 通道 2 中断标志。当通道 2 中断条件发生时设置。写 1 没有影响
1	CH1IF	0	R/W0	定时器 T1 通道 1 中断标志。当通道 1 中断条件发生时设置。写 1 没有影响
0	CH0IF	0	R/W0	定时器 T1 通道 0 中断标志。当通道 0 中断条件发生时设置。写 1 没有影响

(3) IRCON: 定时器 T1 中断标志, 如表 3-13 所示。

表 3-13　IRCON——定时器 T1 中断标志

作　用	描　述
定时器 T1 中断标志	当定时器 T1 中断发生时设为 1, 当 CPU 向量指向中断服务例程时清除。 0: 无中断未决; 1: 中断未决

任务实施

1. 开发内容

本任务是定时器 T1 通过中断方式控制 LED1 周期性闪烁, 程序流程如图 3-10 所示。本任务的重点是配置相关寄存器, 将定时器设置成自由运行模式, 通过控制 LED 的闪烁效果来达到定时的目的。

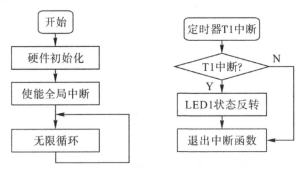

图 3-10　程序流程

下面是源码实现的解析过程:

```
/*main()函数*/
void main(void)
{
    InitLed();            //设置 LED 相应的 I/O 口
    InitT1();             //初始化定时器 T1
    while(1)
    {};
}
```

主函数主要实现了以下功能:

(1) LED1 初始化函数 InitLed()。

(2) 定时器 T1 初始化函数 InitT1(): 选择 128 分频自由模式, 并将定时器 T1 中断使能。

(3) 在主函数中使用 while(1)等待中断。

定时器 T1 初始化的实现代码如下:

```
/*定时器 T1 初始化*/
void InitT1()
{
    T1CTL = 0x0d;         //128 分频, 自动重装 0x0000~0xFFFF
```

```
T1STAT= 0x21;                //通道 0, 中断有效
T1IE = 1;                    //定时器 T1 中断使能
EA = 1;                      //开总中断
}
```

上述代码实现了定时器 T1 的初始化，可以精确控制 LED1 闪烁时间间隔。

下面的代码是定时器 T1 中断服务子程序，该程序实现了 LED1 的翻转操作：

```
/*中断服务子程序*/
#pragma vector = T1_VECTOR
__interrupt void T1_ISR(void)
{
    IRCON = 0x00;                //清中断标志
    if(count++ > 1)              //1 次中断后 LED1 取反, 闪烁一轮(约为 0.5 s)
    {
        count = 0;               //计数清零
        LED1 = ~LED1;            //改变 LED1 的状态
    }
}
```

注意：系统在不配置工作频率时默认为 2 分频，即 32 MHz/2 = 16 MHz，所以定时器每次溢出时间 $T = 1/(16 \text{ MHz}/128) \times 65\,535 = 0.524$ s。

2. 开发步骤

(1) 编写程序并编译，正确连接 CC2530 开发板与仿真器。选择"Project"→"Download and debug"命令，将程序下载到 CC2530 开发板中。

(2) 下载完成后选择"Debug"→"Go"命令全速运行。

(3) 观察 LED 的闪烁情况。

任务 4　串　口　通　信

任务目标

(1) 实现串口与 PC 间的通信。

(2) 能正确配置 CC2530 的串口。

相关知识

CC2530 有两个串口 USART0 和 USART1，两个 USART 具有同样的功能，可以分别运行于异步模式(UART)和同步模式(Serial Peripheral Interface，SPI)。

USART、定时器和 ADC 等外部设备同样也需要 I/O 口实现其功能。对于 USART，其具有两个可以选择的位置，对应的 I/O 引脚如表 3-14 所示。

视频 3-5

表 3-14 外部设备 I/O 引脚映射

外部设备/功能	P0								P1								P2				
	7	6	5	4	3	2	1	0	7	6	5	4	3	2	1	0	4	3	2	1	0
ADC	A7	A6	A5	A4	A3	A2	A1	A0													T
USART0 SPI Alt.2			C	SS	M0	MI					M0	MI	C	SS							
USART0 UART Alt.2			RT	CT	TX	RX					TX	RX	RT	CT							
USART1 SPI Alt.2			MI	M0	C	SS					M1	M0	C	SS							
USART1 UART Alt.2			RX	TX	RT	CT					RX	TX	RT	CT							

在前面的任务中，当这些 I/O 引脚被用作通用 I/O 口时，需要设置对应的 PxSEL 位为 0；而如果 I/O 引脚被选择实现片内外部设备 I/O 功能，则需要设置对应的 PxSEL 位为 1。

1. 串口寄存器

对于每个 USART，需要配置的寄存器有控制和状态寄存器 UxCSR、UART 控制寄存器 UxUCR、通用控制寄存器 UxGCR 和接收/传送数据缓存寄存器 UxBUF，这里的 x 指 USART 的编号，其数值为 0 或 1。表 3-15～表 3-18 为 USART0 的相关寄存器。

表 3-15 U0CSR(USART0 控制和状态寄存器)

位	名称	复位	R/W	描 述
7	MODE	0	R/W	USART 模式选择； 0：SPI 模式； 1：UART 模式
6	RE	0	R/W	UART 接收器使能。注意：在 UART 完全配置之前不使能接收。 0：禁用接收器； 1：接收器使能
5	SLAVE	0	R/W	SPI 主/从模式选择： 0：SPI 主模式； 1：SPI 从模式
4	FE	0	R/W0	UART 帧错误状态： 0：无帧错误检测； 1：字节收到不正确
3	ERR	0	R/W0	UART 奇偶错误状态： 0：无奇偶错误检测； 1：字节收到奇偶错误

续表

位	名称	复位	R/W	描述
2	RX_BYTE	0	R/W0	接收字节状态： 0：没有收到字节； 1：准备好接收字节
1	TX_BYTE	0	R/W0	传送字节状态。URAT模式和SPI主模式。 0：字节没有被传送； 1：写到数据缓存寄存器的最后字节被传送
0	ACTIVE	0	R	USART传送/接收主动状态 0：USART空闲； 1：在传送或者接收模式USART忙碌

本任务使用UART模式，所以配置寄存器U0CSR |= 0x80。

表3-16 U0UCR(USART 0 UART 控制寄存器)

位	名称	复位	R/W	描述
7	FLUSH	0	R0/W1	清除单元。当设置时，该事件将会立即停止当前操作并且返回单元的空闲状态
6	FLOW	0	R/W	UART硬件流使能。用RTS和CTS引脚选择硬件流控制的使用。 0：流控制禁止； 1：流控制使能
5	D9	0	R/W	UART奇偶校验位。当使能奇偶校验，写入D9的值决定发送的第9位的值，如果收到的第9位不匹配收到字节的奇偶校验，接收时报告ERR。 如果奇偶校验使能，那么该位设置以下奇偶校验级别： 0：奇校验； 1：偶校验
4	BIT9	0	R/W	UART 9位数据使能。当该位是1时，使能奇偶校验位传输(第9位)。如果通过PARITY使能奇偶校验，第9位的内容是通过D9给出的。 0：8位传送； 1：9位传送
3	PARITY	0	R/W	UART奇偶校验使能。除了为奇偶校验设置该位用于计算，必须使能9位模式。 0：禁用奇偶校验； 1：奇偶校验使能
2	SPB	0	R/W	UART停止位的位数。选择要传送的停止位的位数。 0：1位停止位； 1：2位停止位

续表

位	名称	复位	R/W	描　述
1	STOP	1	R/W	UART 停止位的电平必须不同于开始位的电平。 0：停止位低电平； 1：停止位高电平
0	START	0	R/W	UART 起始位电平。闲置线的极性采用选择的起始位级别的电平的相反的电平。 0：起始位低电平； 1：起始位高电平

本任务配置 UART：无硬件流控制，无奇偶校验，8 位数据位，1 位停止位，所以 U0UCR 应配置为 0x00。因单片机复位，U0UCR 全部为 0，所以 U0UCR 寄存器应保持默认，无需配置。

表 3-17　　U0GCR(USART0 通用控制寄存器)

位	名称	复位	R/W	描　述
4:0	BAUD_E	00000	R/W	波特率指数值。BAUD_E 和 BAUD_ M 决定了 UART 波特率和 SPI 的主 SCK 时钟频率

表 3-18　　U0BUF(USART0 接收/传送数据缓存寄存器)

位	名称	复位	R/W	描　述
7:0	DATA	0x00	R/W	USART 接收和发送数据。当写这个寄存器时，数据被写到内部，传送到数据寄存器；当读取该寄存器时，数据来自内部读取的数据寄存器

2. 设置串口寄存器波特率

当运行在 UART 模式时，由寄存器 UxBAUD.BAUD_M[7:0]和 UxGCR.BAUD_E[4:0] 定义波特率，如表 3-19 所示。该波特率用于 UART 传送，也用于 SPI 传送的串行时钟速率，波特率由下式给出：

$$波特率 = \frac{(256+BAUD\_M) \times 2^{BAUD\_E}}{2^{28}} \times F \tag{3-3}$$

式中：F 为系统时钟频率，其值可以为 16 MHz 或 32 MHz。

表 3-19　　32 MHz 系统时钟常见的波特率设置

波特率/(b/s)	UxBAUD.BAUD_M	UxGCR.BAUD_E	误差/%
2400	59	6	0.14
4800	59	7	0.14
9600	59	8	0.14
14 400	216	8	0.03
19 200	59	9	0.14

续表

波特率/(b/s)	UxBAUD.BAUD_M	UxGCR.BAUD_E	误差/%
28 800	216	9	0.03
38 400	59	10	0.14
57 600	216	10	0.03
76 800	59	11	0.14
115 200	216	11	0.03
230 400	216	12	0.03

本任务设置的波特率为 115 200 b/s，所以配置为 U1GCR |= 11，U1BAUD |= 216。

CC2530 配置串口的一般步骤如下：

(1) 配置 I/O 口，使用外部设备功能。此处配置 P0_2 和 P0_3 用作串口 UART0。

(2) 配置相应串口的控制和状态寄存器。

(3) 配置串口工作的波特率。

综上所述，寄存器的具体配置如下：

```
PERCFG = 0x00;                    //位置 1，P0 口
P0SEL = 0x0c;                     //P0_2 和 P0_3 口用作串口(外部设备功能)
P2DIR &= ~0XC0;                   //P0 口优先作为 UART0
U0CSR |= 0x80;                    //设置为 UART 方式
U0GCR |= 11; U0BAUD |= 216;       //波特率设置为 115 200 b/s
UTX0IF = 0;                       //TX 中断标志初始值为 0
```

任务实施

1. 开发内容

在无线传感器网络中，CC2530 需要将采集到的数据发送给上位机处理，同时上位机需要向 CC2530 发送控制信息，这一切都离不开两者之间的信息传递。本任务就是实现 CC2530 与上位机的串口通信，程序流程如图 3-11 所示。

视频 3-6

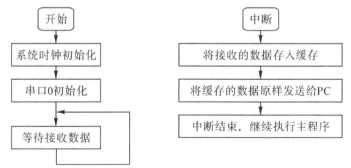

图 3-11　串口通信程序流程

下面是源码实现的解析过程：

```
/*main()函数*/
```

```c
void main(void)
{
    CLKCONCMD &= ~0x40;                   //设置系统时钟源为 32 MHz 晶振
    while(CLKCONSTA & 0x40);              //等待晶振稳定为 32 MHz
    CLKCONCMD &= ~0x47;                   //设置系统主时钟频率为 32 MHz

    InitUart();                          //调用串口初始化函数
    UartState = UART0_RX;                //串口 0 默认处于接收模式
    memset(RxData, 0, SIZE);

    while(1)
    {
        if(UartState == UART0_RX)        //接收状态
        {
            if(RxBuf != 0)
            {
                if(count < 50)           //以＃为结束符，一次最多接收 50 个字符
                    RxData[count++] = RxBuf;
                else
                {
                    if(count >= 50)      //判断数据合法性，防止溢出
                    {
                        count = 0;         //计数清 0
                        memset(RxData, 0, SIZE);   //清空接收缓冲区
                    }
                    else
                        UartState = UART0_TX;    //进入发送状态
                }
                RxBuf = 0;
            }
        }

        if(UartState == UART0_TX)                //发送状态
        {
            U0CSR &= ~0x40;                      //禁止接收
            UartSendString(RxData, count);       //发送已记录的字符串
            U0CSR |= 0x40;                       //允许接收
            UartState = UART0_RX;                //恢复到接收状态
            count = 0;                           //计数清 0
            memset(RxData, 0, SIZE);             //清空接收缓冲区
        }
    }
}
```

主函数主要实现了以下功能：

(1) 初始化时钟和串口。

(2) 使用 while(1)不断地获取接收的每一个字符，当此字符不为"#"时，则表示还未输入完成，继续将此字符添加到字符数组 RxData 中；当此字符正好为"#"时，则表示输入完成，然后跳出循环，将 RxData 中的每一个字符按次序发送到 PC 端，同时重置 count。

串口初始化函数的实现代码如下：

```
/*串口初始化函数*/
void InitUart(void)
{
    PERCFG = 0x00;              //外部设备控制寄存器，选择 USART0 的位置为 P0 口
    P0SEL = 0x0c;               //P0_2、P0_3 用作串口(外部设备功能)
    P2DIR &= ~0xC0;             //P0 优先作为 UART0

    U0CSR |= 0x80;              //设置为 UART 方式
    U0GCR |= 11;
    U0BAUD |= 216;              //波特率设置为 115 200 b/s
    UTX0IF = 0;                 //初始 TX 中断标志
    U0CSR |= 0x40;              //允许接收
    IEN0 |= 0x84;               //开总中断，允许接收中断
}
```

其中，串口发送字节、发送字符串和接收字节函数的实现代码如下：

```
/*串口发送函数*/
void UartSendString(char *Data, int len)
{
    uint i;

    for(i=0; i<len; i++)
    {
        U0DBUF = *Data++;
        while(UTX0IF == 0);
        UTX0IF = 0;
    }
}
/*串口中断处理函数：当串口 0 产生接收中断时，将收到的数据保存在 RxBuf 中*/
#pragma vector = URX0_VECTOR
_interrupt void UART0_ISR(void)
{
    URX0IF = 0;                 //清中断标志
    RxBuf = U0DBUF;
}
```

2. 开发步骤

(1) 将工程编译、下载至 CC2530 开发板中，用 RS-232 串口线一端连接开发板，另一

端连接 PC，然后打开设备管理器，查看串口号，如图 3-12 所示。

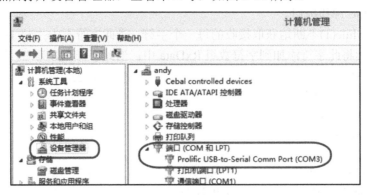

图 3-12 查看串口号

(2) 在 PC 上打开串口调试助手，设置波特率为 115 200 b/s，8 数据位，1 停止位，无校验位。

(3) 在 PC 端发送数据到 CC2530，输完后按#键结束，CC2530 将数据返回 PC，并显示在串口调试助手的接收窗口中，如图 3-13 所示。

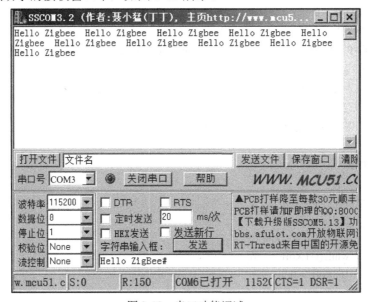

图 3-13 串口功能调试

思考：修改代码，去掉后面的#。

任务 5   ADC 采 集

任务目标

(1) 掌握 CC2530 片内 ADC 的工作过程。

(2) 正确配置 CC2530 片内 ADC，使其正常工作。

相关知识

视频 3-7

1. ADC 简介

CC2530 的 ADC 支持多达 14 位的模拟/数字转换,具有多达 12 位的有效数字位,比一般的单片机的 8 位 ADC 精度要高。它包括一个模拟多路转换器,具有多达 8 个各自可配置的通道及一个参考电压发生器。其转换结果可以通过 DMA 写入存储器,从而减轻 CPU 的负担。

CC2530 的 ADC 的主要特征如下:

(1) ADC 转换位数可选,8~14 位。

(2) 8 个独立的输入通道,单端或差分输入。

(3) 参考电压可选为内部、外部单端、外部差分或 AVDD5。

(4) 中断请求产生。

(5) 转换结束时 DMA 触发。

(6) 温度传感器输入。

(7) 电池电压检测。

通常 A/D 转换需要经过采样、保持、量化、编码四个步骤,也可以将采样、保持合为一步,量化、编码合为一步,共两大步完成一次 A/D 转换。

采样是对连续变化的模拟量进行定时的测量,采样结束后将测量的值保持一段时间,使 ADC 有充分的时间进行 A/D 转换,即量化、编码过程。

要将一个采样后的数据进行量化、编码,就必须在采样之前将要被采样的信号划分不同等级。本任务要读取片上温度的值,实际上 ADC 读取的值为电压值,首先要将能读到的最大电压值 1.25 V(这个被划分等级的电压值就是 ADC 的参考电压)划分为 1024 个等级(这里的等级就是 ADC 的抽取率,即分辨率),等级划分得越细、量化得越细,最后编码得到的电压值越准确。

编码是将读取到的电压值与划分好等级的电压值比较,与哪个电压值最接近就采用哪个电压值对应的等级来表示。假如读到的电压值为 0.122 03 V,该值与等级为 100 的电压值 0.001 220 703 125 最接近,则此次 ADC 读取到的数据最后量化编码后的值为 100。

最后根据 CC2530 用户手册的说明,计算得出温度值。

2. ADC 寄存器配置

ADC 有两个数据寄存器:ADCL(ADC 数据低位寄存器)和 ADCH(ADC 数据高位寄存器),如表 3-20 和表 3-21 所示。除此之外,本任务还需要配置的寄存器有 TR0、ATEST、ADCCON1 和 ADCCON3,如表 3-22~表 3-25 所示。

表 3-20　ADC 数据低位寄存器 ADCL

位	名称	复位	R/W	描　　　述
7:2	ADC[5:0]	000000	R	ADC 转换结果的低位部分
1:0	—	00	R0	没有使用,读出来一直是 0

表 3-21　　ADC 数据高位寄存器 ADCH

位	名称	复位	R/W	描　述
7:0	ADC[13:6]	0x00	R	ADC 转换结果的高位部分

表 3-22　　TR0 (0x624B)——测试寄存器 0

位	名称	复位	R/W	描　述
7:1	—	0000 000	R0	保留，写作 0
0	ACTM	0	R/W	设置为 1，以连接温度传感器到 SOC_ADC

表 3-23　　ATEST (0x61BD)——模拟测试控制

位	名称	复位	R/W	描　述
7:6	—	00	R0	保留，读作 0
5:0	ATEST_CTRL[5:0]	00 0000	R/W	控制模拟测试模式，其中 00 0001 表示使能温度传感器，其他值保留

表 3-24　　ADCCON1 (0xB4)——ADC 控制 1

位	名称	复位	R/W	描　述
7	EOC	0	R/H0	转换完成为 1，当 ADCH 被读取时清除。 0：转换没有完成； 1：转换完成
6	ST	0		开始转换为 1，转换完成为 0。 0：没有转换正在进行。 1：如果 ADCCON1.STSEL = 11 且没有序列正在运行，就启动一个转换序列
5:4	STSEL[1:0]	11	R/W1	启动选择。选择该事件，将启动一个新的转换序列。 00：P2_0 引脚的外部触发。 01：全速。不等待触发器。 10：定时器 1 通道 0 比较事件。 11：ADCCON1.ST = 1
3:2	RCTRL[1:0]	00	R/W	控制 16 位随机数发生器。 00：正常运行。 01：为 LFSR(Linear Feedback Shift Register，线性反馈移位寄存器)计时一次。 10：保留。 11：关闭随机数发生器
1:0	—	11	R/W	保留，一直设为 11

表 3-25　ADCCON3 (0xB6)——ADC 控制 3

位	名称	复位	R/W	描　　述
7:6	EREF[1:0]	00	R/W	选择用于额外转换的参考电压： 00：内部参考电压； 01：AIN7 引脚上的外部参考电压； 10：AVDD5 引脚； 11：在 AIN6～AIN7 差分输入的外部参考电压
5:4	EDIV[1:0]	00	R/W	设置用于额外转换的抽取率。抽取率也决定了完成转换需要的时间和分辨率。 00：64 抽取率(7 位 ENOB)； 01：128 抽取率(9 位 ENOB)； 10：256 抽取率(10 位 ENOB)； 11：512 抽取率(12 位 ENOB)
3:0	ECH[3:0]	0000	R/W	单个通道选择。选择写 ADCCON3 触发的单个转换所在的通道号码。 当单个转换完成时，该位自动清除。 0000：AIN0； 0001：AIN1； 0010：AIN2； 0011：AIN3； 0100：AIN4； 0101：AIN5； 0110：AIN6； 0111：AIN7； 1000：AIN0～AIN1； 1001：AIN2～AIN3； 1010：AIN4～AIN5； 1011：AIN6～AIN7； 1100：GND； 1101：正电压参考； 1110：温度传感器； 1111：VDD/3

3. 温度计算公式

参考 CC2530 数据手册描述，ADC 采用 12 位方式，工作电压为 3 V，参考电压采用内部基准电压 1.25 V。温度传感器有如下规律：

(1) 25℃时，AD 读数为 1480。

(2) 温度变化 1℃，AD 采集值变化 4.5。

因此：

$$实际测量温度 = \frac{AD读数-(1480-4.5\times25)}{4.5} = \frac{AD读数-1367.5}{4.5}$$

任务实施

视频 3-8

1. 开发内容

本任务是使用 ADC 实现片内温度传感器值的读取，然后通过串口发送到 PC 并显示出来，程序流程如图 3-14 所示。

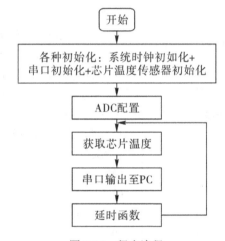

图 3-14　程序流程

本任务的重点是 ADC 配置，下面是源码实现的解析过程：

```
/*main()函数*/
void main(void)
{
    char i;
    float AvgTemp;
    char strTemp[6];

    InitUART();                              //初始化串口
    InitSensor();                            //初始化 ADC

    while(1)
    {
        AvgTemp = GetTemperature();

        for (i=0; i<63; i++)
        {
            AvgTemp += GetTemperature();
            AvgTemp = AvgTemp/2;
```

```
            }

            memset(strTemp, 0, 6);
            sprintf(strTemp,"%.02f", AvgTemp);              //将浮点数转成字符串
            UartSendString(strTemp, 5);                     //通过串口发给 PC，显示芯片温度
            DelayMS(1000);                                  //延时
        }
    }
```

主函数实现功能：首先初始化串口和温度传感器，然后获取芯片温度值，将温度值发送到串口。

温度传感器初始化函数的实现代码如下：

```
    /*温度传感器初始化函数*/
    void InitSensor(void)
    {
        DISABLE_ALL_INTERRUPTS();                           //关闭所有中断
        InitClock();                                        //设置系统主时钟为 32 MHz
        TR0=0x01;                                           //设置为 1，连接温度传感器
        ATEST=0x01;                                         //使能温度传感
    }
```

获取温度值函数的实现代码如下：

```
    /*获取温度值函数*/
    float GetTemperature(void)
    {
        uint    value;

        ADCCON3= (0x3E);    //选择 1.25 V 为参考电压，14 位分辨率，对片内温度传感器采样
        ADCCON1 |= 0x30;                                    //选择 ADC 的启动模式为手动
        ADCCON1 |= 0x40;                                    //启动 A/D 转换
        while(!(ADCCON1 & 0x80));                           //等待 A/D 转换完成
        value =   ADCL >> 4;                                //ADCL 寄存器低 4 位无效
        value |= (((uint)ADCH) << 4);
        return (value-1367.5)/4.5-5;                        //根据 AD 值计算出实际温度
    }
```

2. 开发步骤

(1) 正确连接 CC2530 开发板与仿真器，将工程编译、下载至 CC2530 开发板中。

(2) 下载完成后，选择"Debug→Go"命令全速运行，也可以将 CC2530 重新上电或者按复位按钮，让刚才下载的程序重新运行。

(3) 打开串口调试助手，设置波特率为 115 200 b/s。

(4) 程序运行后，串口助手软件中每秒会输出一条检测到的温度数据，用手摸 CC2530，会发现温度有明显变化，如图 3-15 所示。

图 3-15　ADC 采集温度

任务6　看　门　狗

任务目标

学习 CC2530 看门狗的工作原理,配置看门狗并正确应用。

相关知识

看门狗技术是程序受外界干扰后不按既定的方式运行时,CPU 自恢复的一个方式。当程序在设定的时间间隔内不能重置看门狗定时器(Watch Dog Timer,WDT)时,看门狗定时器就会产生一个复位信号,单片机检测到该信号后执行复位操作。单片机复位后各项参数重新初始化,程序将重新正常执行。

视频 3-9

CC2530 的看门狗定时器的特性如下:

(1) 四个可选的定时器间隔。

(2) 看门狗模式。

(3) 定时器模式。

(4) 在定时器模式下产生中断请求。

看门狗定时器可以配置为一个看门狗定时器或一个通用的定时器。看门狗定时器模块的运行由 WDCTL 寄存器控制。看门狗定时器包括一个 15 位计数器,它的频率由 32 kHz 时钟源产生。

注意:用户不能获得 15 位计数器的内容。在所有供电模式下,15 位计数器的内容保留,且当重新进入主动模式时,看门狗定时器继续计数。

1. 看门狗模式

CC2530 看门狗定时器的超时期限分别为 1.9 ms、15.625 ms、0.25 s 和 1 s，对应 64、512、8192 和 32 768 的计数值设置。如果在计数器达到选定间隔的值之前执行一个看门狗清除序列，看门狗定时器的计数器就复位到 0，并继续递增。一个看门狗清除序列包括写入 0xA 到 WDCTL.CLR[3:0]，然后写入 0x5 到同一个寄存器位。如果该序列没有在看门狗周期结束之前执行完毕，看门狗定时器就为系统产生一个复位信号。看门狗定时器由一个完全独立的振荡器来控制，我们可在软件中控制其溢出时间，一旦它被启动，就可以定时清除定时装置以防止其溢出。

2. 看门狗定时器的寄存器

看门狗定时器的寄存器 WDCTL 如表 3-26 所示。

表 3-26　看门狗定时器的寄存器 WDCTL

位	名称	复位	R/W	描　述
7:4	CLR[3:0]	0000	R0/W	清除定时器。当 0xA 跟随 0x5 写到这些位时，定时器被清除(加载 0)
3:2	MODE[1:0]	00	R/W	模式选择。该位用于决定看门狗定时器处于看门狗模式还是定时器模式。当处于定时器模式时，这两位若设置为 IDLE，表现停止定时器。 00：IDLE； 01：IDLE(未使用，等于 00 设置)； 10：看门狗模式； 11：定时器模式
1:0	INT[1:0]	00	R/W	定时器间隔选择

任务实施

1. 开发内容

本任务是实现看门狗定时器的清零，程序流程如图 3-16 所示。

视频 3-10

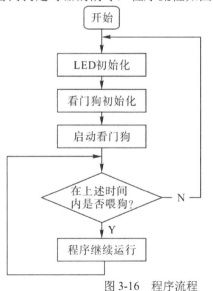

图 3-16　程序流程

下面是源码实现的解析过程：

```c
/*main()函数*/
void main(void)
{
    InitLed();
    Init_Watchdog();

    while(1)
    {
        LED1 = ~LED1;          //LED 翻转
        DelayMS(300);
        LED1=0;
        //喂狗指令(加入后系统不复位，LED1 不闪烁，LED2 长亮；若注释掉，则系统
        //不断复位，LED1 闪烁)
        FeetDog();
    }
}
/*看门狗初始化函数*/
void Init_Watchdog(void)
{
    WDCTL = 0x00;             //定时器间隔选择，间隔 1 s
    WDCTL |= 0x08;            //启动看门狗
}
/*喂狗函数*/
void FeetDog(void)
{
    WDCTL = 0xa0;            //清除定时器
    WDCTL = 0x50;
    LED2 = 0;                //系统不复位，LED2 长亮
}
```

2. 开发步骤

(1) 正确连接 CC2530 开发板与仿真器，将工程编译、下载至 CC2530 开发板中。

(2) 下载完成后，选择"Debug"→"Go"命令全速运行。

(3) 程序运行后，LED2 长亮，系统不复位。若注释掉 FeetDog()函数，重新编译并下载到 CC2530 开发板中，会看到单片机周期性重启，LED 不断闪烁。

课 后 练 习

一、单选题

1. 以下为常用的通信接口的是(　　)。

　　A. RS-232C　　　　　B. RS-555A　　　　　C. RS-484　　　　　D. RS-856

2. CC2530 端口 0 方向寄存器是(　　)。

    A. P0SEL   B. PLSEL   C. P0DIR   D. P0INP

3. 下面不是单片机中的定时器/计数器具有的一般功能的是(　　)。

    A. 定时器功能   B. 计数器功能   C. 捕获功能   D. 中断功能

4. CC2530 的 ADC 模块有(　　)种工作模式。

    A. 2   B. 3   C. 4   D. 5

5. CC2530 芯片有(　　)个引脚。

    A. 30   B. 40   C. 50   D. 60

6. CC2530 具有(　　)个串口。

    A. 3   B. 5   C. 2   D. 4

7. 以下不是 CC2530 定时器/计数器的工作模式的是(　　)。

    A. 自由运行模式   B. 模模式

    C. 正计数/倒计数模式   D. 计算器模式

8. 定时器/计数器一共有(　　)个。

    A. 3   B. 4   C. 5   D. 6

9. 定时器 T2 是一个(　　)定时器。

    A. 4 位   B. 8 位   C. 16 位   D. 32 位

10. CC2530 头文件格式是(　　)。

    A. #include "ioCC2530.h"   B. #include ioCC2530.h

    C. #include <ioCC2530.h>   D. #include "ioCC2530.c"

11. 使能 P1_2 口中断，需将 P1IEN 寄存器的第 2 位置为 1，下列代码正确的是(　　)。

    A. P1IEN |= 0x04;   B. P2IEN |= 0x04;

    C. P1IEN |= 0x02;   D. P2IEN |= 0x02;

二、多选题

1. CC2530 I/O 口的输入模式包括(　　)。

    A. 上拉   B. 下拉   C. 三态   D. 分离

2. 中断的作用有(　　)。

    A. 实现分时操作   B. 实现实时处理

    C. 实现异常处理   D. 中断向量

3. 以下 CC2530 的 ADC 模块主要特征中，正确的有(　　)。

    A. 可选的抽取率，设置分辨率(7~12 位)

    B. 8 个独立的输入通道，可接收单端信号

    C. 参考电压可选为内部单端、外部单端、外部差分或 AVDD5

    D. 转换结束产生中断请求

4. 下列定时器中有两个独立的比较通道的是(　　)。

    A. 定时器 T1   B. 定时器 T2   C. 定时器 T3   D. 定时器 T4

5. 下列是 CC2530 定时器/计时器的工作模式的是(　　)。

    A. 自由运行模式   B. 模模式

C. 正计数/倒计数模式　　　　　　　　　D. 睡眠模式

6. 单片机中的定时器/计数器一般具有的功能有(　　)。

A. 定时器功能　　B. 计数器功能　　　C. 输入功能　　　　D. 捕获功能

7. CC2530 的串口的通信模式包括(　　)。

A. UART 模式　　B. 串口模式　　　　C. SPI 模式　　　　D. DMA 模式

8. 下面是单片机中的定时器/计数器具有的一般功能的是(　　)。

A. 捕获功能　　　　　　　　　　　　B. 中断功能

C. 比较功能　　　　　　　　　　　　D. PWM 输出功能

9. CC2530 的看门狗定时器具有的特性有(　　)。

A. 看门狗模式　　　　　　　　　　　B. 定时器模式

C. 时钟模式　　　　　　　　　　　　D. 喂狗模式

项目四　常用传感器项目开发

本项目主要介绍常用传感器项目开发，包括人体红外传感器、火焰传感器、温湿度传感器、MQ-2 气体传感器、超声波测距传感器、BH1750 光照传感器、继电器控制等。

本项目的开发环境如下：

- 硬件：CC2530 开发板、SmartRF 仿真器、PC、传感器等。
- 软件：IAR 集成开发环境。

任务 1　人体红外传感器

任务目标

(1) 熟悉人体红外传感器的工作原理。

(2) 驱动 CC2530 实现人体感应检测。

相关知识

人体红外感应模块 HC-SR501 是基于红外线技术的自动控制产品，其灵敏度高，可靠性强，为超低电压工作模式，广泛应用于各类自动感应设备中，尤其是干电池供电的自动控制产品中。人体红外感应模块实物如图 4-1 所示。

图 4-1　人体红外感应模块实物

人体红外感应模块的功能特点如下：

(1) 全自动感应：人进入其感应范围输出高电平；人离开其感应范围则自动延时关闭高电平，输出低电平。

(2) 工作电压范围宽：默认工作电压 DC 为 4.5 V～20 V。

(3) 微功耗：静态电流小于 50 μA，特别适合于干电池供电的自动控制产品。

(4) 感应模块通电后有 1 min 左右的初始化时间，在此期间模块会间隔地输出 0～3 次，1 min 后进入待机状态。

(5) 感应距离 7 m 以内，感应角度小于 100°，工作温度范围为 −15℃～+70℃。

人体红外感应模块接线如图 4-2 所示。其中，VDD 接电源正极(5V)；GND 接电源负极；引脚 2 为检测引脚，接 CC2530 的 P0_4 引脚。

图 4-2　人体红外感应模块接线

任务实施

1. 开发内容

该任务使用 P0_4 口为 HC-SR501 传感器的输入端，人进入其感应范围，模块输出高电平，点亮 LED1；人离开感应范围则 LED1 熄灭，同时串口也有相应的输出。图 4-3 所示为人体红外传感器程序流程。

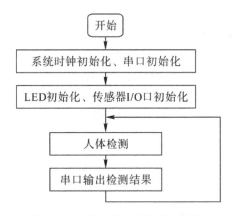

图 4-3　人体红外传感器程序流程

通过原理可知，本任务的关键就是配置 P0_4 口，将其设置成输入模式来检测人体红外传感器输出的电平变化。下面是源码实现的解析过程：

```
#include <ioCC2530.h>

typedef unsigned char uchar;
typedef unsigned int    uint;


#define LED1 P1_0                        //定义 P1_0 口为 LED1 控制端
```

```
#define LED2 P1_1                    //定义 P_1 口为 LED2 控制端
#define LED3 P1_4                    //定义 P1_4 口为 LED3 控制端

#define DATA_PIN P0_4                //定义 P0_4 口为传感器的输入端

/*延时函数*/
void DelayMS(uint msec)
{
    uint i,j;

    for (i=0; i<msec; i++)
        for (j=0; j<535; j++);
}

/*串口初始化函数*/
void InitUart(void)
{
    PERCFG = 0x00;                   //外部设备控制寄存器 USART0 的 I/O 位置: P0 口, 位置 1
    P0SEL |= 0x0c;                   //P0_2、P0_3 口用作串口(外部设备功能)
    P2DIR &= ~0XC0;                  //P0 优先作为 UART0

    U0CSR |= 0x80;                   //设置为 UART 方式
    U0GCR |= 11;
    U0BAUD |= 216;                   //波特率设置为 115 200 b/s
    UTX0IF = 0;                      //TX 中断标志初始值为 0
}

/*串口发送函数*/
void UartSendString(char *Data, int len)
{
    uint i;
    for(i=0; i<len; i++)
    {
        U0DBUF = *Data++;
        while(UTX0IF == 0);
        UTX0IF = 0;
    }
}
/*LED 初始化函数*/
void InitLed(void)
{
    P1DIR |= 0x13;                   //P1_0、P1_1、P1_4 口定义为输出口
    P0SEL &= ~0x10;
```

```
        P0DIR &= ~0x10;                    //P0_4 口定义为输入口
        P2INP |= 0x20;
        LED2 = 0;                          //点亮 LED2，提示程序已运行
    }
    /*主函数*/
    void main(void)
    {
        InitLed();                         //设置 LED 和 P0_4 相应的 I/O 口
        InitUart();                        //调置串口相关寄存器

        CLKCONCMD &= ~0x40;                //设置系统时钟源为 32 MHz 晶振
        while(CLKCONSTA & 0x40);           //等待晶振稳定为 32 MHz
        CLKCONCMD &= ~0x47;                //设置系统主时钟频率为 32 MHz

        while(1)                           //无限循环
        {
            if(DATA_PIN == 1)
            {
                LED1 = 0;                  //有人时 LED1 亮
                UartSendString("ON ", 3);  //串口发送数据，提示用户
            }
            else
            {
                LED1 = 1;                  //无人时 LED1 熄灭
                UartSendString("OFF ", 4); //串口发送数据，提示用户
            }

            DelayMS(1000);
        }
    }
```

2. 开发步骤

(1) 用杜邦线连接好人体红外传感器，注意引脚一定要接正确。

(2) 正确连接 CC2530 开发板与仿真器，将工程编译、下载至 CC2530 开发板中。

(3) 下载完成后，选择"Debug"→"Go"命令全速运行，也可以将 CC2530 重新上电或者按复位按钮，让刚才下载的程序重新运行。

(4) 用 USB 连接线将 CC2530 与 PC 连接，在 PC 上打开串口调试助手，设置波特率为115 200 b/s，8 数据位，1 停止位，无校验位，无硬件流控。观察串口调试助手输出的数据。

3. 结果分析

运行刚才下载的程序，可以看到 LED2 长亮。当人体靠近或远离传感器检测范围时，观察 LED1 的变化，串口也有相应的输出，如图 4-4 所示。

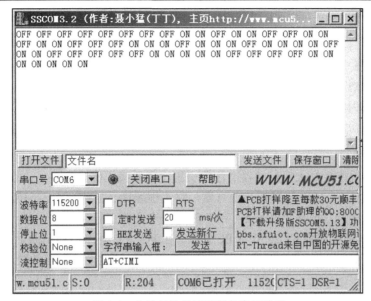

图4-4 人体红外传感器任务串口输出

任务2 火焰传感器

任务目标

(1) 掌握火焰传感器的原理。

(2) 学会驱动 CC2530，实现火焰检测。

视频 4-1

相关知识

火焰传感器(红外接收晶体管)是用来搜寻火源的传感器，对火焰特别灵敏。火焰传感器利用红外线对火焰非常敏感的特点，使用特制的红外线接收管来检测火焰，然后把火焰的亮度转化为高低变化的电平信号并输入 CPU，CPU 根据信号的变化做出相应的处理。火焰传感器实物如图4-5所示。

火焰传感器与 CC2530 的接口电路如图4-6所示，图中引脚2连接到了 CC2530 的 P0_6 口，可以直接读取此 I/O 口输入的信号。

图4-5 火焰传感器实物

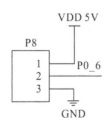

图4-6 火焰传感器与 CC2530 的接口电路

任务实施

1. 开发内容

通过检测 I/O 口数值的变化来读取火焰传感器的控制信号，检测到火焰时，I/O 口值为 0。本任务实现火焰检测，检测到有火焰，点亮 LED，同时串口输出。实现程序可参考本项目任务 1，请读者尝试自行完成。

视频 4-2

2. 开发步骤

(1) 用杜邦线连接好火焰传感器，注意引脚一定要接正确。

(2) 正确连接 CC2530 开发板与仿真器，将工程编译、下载至 CC2530 开发板中。

(3) 下载完成后，选择"Debug"→"Go"命令全速运行。

(4) 用 USB 连接线将 CC2530 与 PC 连接，在 PC 上打开串口调试助手，设置波特率为 115 200 b/s，8 数据位，1 停止位，无校验位。观察串口调试助手输出的数据。

3. 结果分析

在火焰传感器旁引入火源，观看 LED 的闪烁情况，同时观察串口输出情况。

任务 3　温湿度传感器

任务目标

(1) 掌握 DHT11 温湿度传感器的工作原理。

(2) 掌握模块化编程思想。

(3) 学会驱动 CC2530 读取 DHT11 数据。

相关知识

视频 4-3

DHT11 温湿度传感器是一款含有已校准数字信号输出的温湿度复合传感器，包括一个电阻式湿敏元件和一个 NTC(Negative Temperature Coefficient，负温度系数)温度传感器。图 4-7 所示为 DHT11 外形及引脚，其引脚功能如表 4-1 所示。

图 4-7　DHT11 外形及引脚

表 4-1 DHT11 引脚功能

引脚	名称	引脚功能
1	VCC	电源正极，3 V～5.5 V
2	DATA	单总线数据，数据输入/输出
3	NC	空脚，未使用，悬空
4	GND	电源负极

DHT11 与 CC2530 的接口电路如图 4-8 所示，图中引脚 2 连接到了 CC2530 的 P0_7 口上，只需要对处理器编程，使引脚 2 输出信号符合单总线协议，就可以读取 DHT11 的温湿度值。

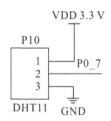

图 4-8 DHT11 与 CC2530 的接口电路

对 DHT11 数据进行采集，处理器需要控制 I/O 口产生单总线起始信号，然后处理器释放该总线，等待 DHT11 回传数据。回传数据结束后，处理器将该 I/O 口拉高，即停止此次数据传输。DHT11 信号采集时序图如图 4-9 所示。

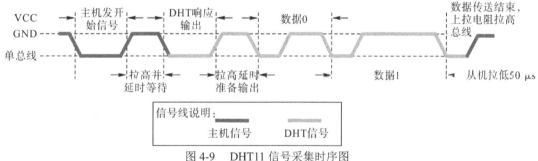

图 4-9 DHT11 信号采集时序图

由图 4-9 可知，采集温湿度值的步骤如下：

(1) DHT11 上电后(DHT11 上电后要等待 1 s，以越过不稳定状态，在此期间不能发送任何指令)，测试环境温湿度数据并记录，同时 DHT11 的 DATA 引脚处于输入状态，时刻检测外部信号。

(2) 首先处理器的 I/O 设置为输出，同时输出低电平，且低电平保持时间不能小于 18 ms；然后处理器拉高 I/O，且保持电平时间为 20 μs～40 μs；最后处理器的 I/O 口设置为输入状态。由于上拉电阻，处理器的 I/O，即 DHT11 的 DATA 数据线也随之变高，等待 DHT11 做出响应。

(3) DHT11 的 DATA 引脚检测到外部信号有低电平时，等待外部信号低电平结束后(处理器释放总线)，DHT11 的 DATA 引脚处于输出状态，输出 80 μs 的低电平作为应答信号，紧接着输出 80 μs 的高电平通知外部设备准备接收数据，处理器的 I/O 此时已处于输入状态，检测到 I/O 有低电平(DHT11 回应信号)后，等待 80 μs 的低电平和 80 μs 的高电平后开始接收数据。

(4) 由 DHT11 的 DATA 引脚输出 40 位数据，处理器根据 I/O 电平的变化接收 40 位数据，位数据 0 的格式为 50 μs 的低电平和 26 μs～28 μs 的高电平，位数据 1 的格式为 50 μs 的低电平和 70 μs 的高电平。

结束信号：DHT11 的 DATA 引脚输出 40 位数据(1 字节相对湿度、1 字节相对湿度小数、1 字节温度、1 字节温度小数、1 字节校验和)，继续输出低电平 50 μs 后转为输入状态。由于上拉电阻数据线随之变为高电平，此时 DHT11 内部仍在继续测量温湿度数据，并记录下来，等待下一个外部信号使其发送这些数据。

任务实施

1. 开发内容

本任务是读取 DHT11 的温湿度数据，并将读取的数据通过串口输出到 PC，程序流程如图 4-10 所示。

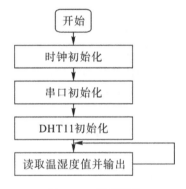

图 4-10　程序流程

本任务中，温湿度的采集是关键，根据上述采集温湿度步骤分析，DHT11 采集温湿度的代码如下：

```
#include <ioCC2530.h>
#include <string.h>
#include "UART.H"
#include "DHT11.H"

/* DHT11 处理函数*/
#include <ioCC2530.h>

typedef unsigned char uchar;
typedef unsigned int   uint;

#define DATA_PIN P0_7

//温湿度定义
```

```
uchar ucharFLAG,uchartemp;
uchar shidu_shi,shidu_ge,wendu_shi,wendu_ge=4;
uchar
ucharT_data_H,ucharT_data_L,ucharRH_data_H,ucharRH_data_L,ucharcheckdata;
uchar ucharT_data_H_temp,ucharT_data_L_temp,ucharRH_data_H_temp,ucharRH_data_L_temp,
    ucharche-ckdata_temp;
uchar ucharcomdata;

//延时函数
void Delay_us()            //1 μs 延时
{
    asm("nop");
    asm("nop");
    asm("nop");
    asm("nop");
    asm("nop");
    asm("nop");
    asm("nop");
    asm("nop");
    asm("nop");
}

void Delay_10us()          //10 μs 延时
{
   Delay_us();
   Delay_us();
   Delay_us();
   Delay_us();
   Delay_us();
   Delay_us();
   Delay_us();
   Delay_us();
   Delay_us();
   Delay_us();
}

void Delay_ms(uint Time)   //n ms 延时
{
    unsigned char i;
    while(Time--)
    {
        for(i=0;i<100;i++)
            Delay_10us();
```

```
        }
    }

//温湿度传感器
void COM(void)              //温湿度写入
{
    uchar i;
    for(i=0;i<8;i++)
    {
        ucharFLAG=2;
        while((!DATA_PIN)&&ucharFLAG++);
        Delay_10 μs();
        Delay_10 μs();
        Delay_10 μs();
        uchartemp=0;
        if(DATA_PIN)uchartemp=1;
        ucharFLAG=2;
        while((DATA_PIN)&&ucharFLAG++);
        if(ucharFLAG==1)break;
        ucharcomdata<<=1;
        ucharcomdata|=uchartemp;
    }
}
void DHT11(void)            //温湿度传感器启动
{
    DATA_PIN=0;
    Delay_ms(19);           //>18 ms
    DATA_PIN=1;
    P0DIR &= ～0x80;         //重新配置 I/O 口方向
    Delay_10 μs();
    Delay_10 μs();
    Delay_10 μs();
    Delay_10 μs();
    if(!DATA_PIN)
    {
        ucharFLAG=2;
        while((!DATA_PIN)&&ucharFLAG++);
        ucharFLAG=2;
        while((DATA_PIN)&&ucharFLAG++);
        COM();
        ucharRH_data_H_temp=ucharcomdata;
        COM();
        ucharRH_data_L_temp=ucharcomdata;
```

```
                COM();
                ucharT_data_H_temp=ucharcomdata;
                COM();
                ucharT_data_L_temp=ucharcomdata;
                COM();
                ucharcheckdata_temp=ucharcomdata;
                DATA_PIN=1;


    uchartemp=(ucharT_data_H_temp+ucharT_data_L_temp+ucharRH_data_H_temp+ucharRH_data_
    L_temp);
                if(uchartemp==ucharcheckdata_temp)
                {
                    ucharRH_data_H=ucharRH_data_H_temp;
                    ucharRH_data_L=ucharRH_data_L_temp;
                    ucharT_data_H=ucharT_data_H_temp;
                    ucharT_data_L=ucharT_data_L_temp;
                    ucharcheckdata=ucharcheckdata_temp;
                }
                wendu_shi=ucharT_data_H/10;
                wendu_ge=ucharT_data_H%10;

                shidu_shi=ucharRH_data_H/10;
                shidu_ge=ucharRH_data_H%10;
            }
            else //没有成功读取，返回 0
            {
                wendu_shi=0;
                wendu_ge=0;
                shidu_shi=0;
                shidu_ge=0;
            }
            P0DIR |= 0x80;          //I/O 口需要重新配置
    }
```

2. 开发步骤

模块化编程思想：一个模块中包含两个文件，一个是 h 文件，另一个是 c 文件。

h 文件为头文件，是一个接口描述文件，其文件内部一般不包含任何实质性的函数代码，主要对外提供接口函数或接口变量。头文件的构成原则：不该外界知道的信息就不应该出现在头文件里，而供外界调用的模块内部接口函数或接口变量所必需的信息就一定要出现在头文件里。

c 文件的主要功能是对头文件中声明的外部函数进行具体实现，对具体实现方式没有特殊规定，只要能实现其函数的功能即可。

下面以温湿度采集工程为例，讲解模块化编程的实施步骤。

(1) 创建工程，命名为 DHT11。

(2) 移植 DHT11 驱动模块和串口驱动模块到工程文件夹下：复制四个文件 DHT11.C、DHT11.H、UART.C、UART.H 到工程文件夹下，如图 4-11 所示。

Debug	2015/10/9 星...	文件夹	
settings	2015/10/9 星...	文件夹	
DHT11.C	2013/7/10 星...	C Source	3 KB
DHT11.dep	2019/4/1 星期...	DEP 文件	4 KB
DHT11.ewd	2013/7/8 星期...	EWD 文件	34 KB
DHT11.ewp	2013/7/10 星...	EWP 文件	55 KB
DHT11.eww	2013/7/8 星期...	IAR IDE Works...	1 KB
DHT11.H	2013/7/8 星期...	C/C++ Header	1 KB
main.c	2013/7/8 星期...	C Source	2 KB
UART.C	2013/7/10 星...	C Source	1 KB
UART.H	2013/7/10 星...	C/C++ Header	1 KB

图 4-11　复制驱动模块

(3) 添加 DHT11.C、UART.C 到工程目录下，具体操作如图 4-12 所示。

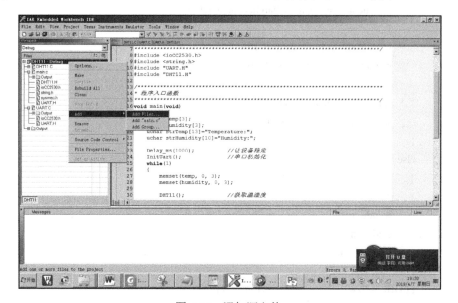

图 4-12　添加源文件

(4) 在 main.c 中添加头文件，如图 4-13 所示。

```
 8 #include <ioCC2530.h>
 9 #include <string.h>
10 #include "UART.H"
11 #include "DHT11.H"
12
13 /******************************************************
14 * 程序入口函数
15 ******************************************************
16 void main(void)
17 {
18     uchar temp[3];
```

图 4-13　添加头文件

(5) 在主程序中调用获取温湿度函数 DHT11()，主函数代码如下：

```
/*主函数*/
void main(void)
{
    uchar temp[3];
    uchar humidity[3];
    uchar strTemp[13]="Temperature:";
    uchar strHumidity[10]="Humidity:";

    Delay_ms(1000);              //让设备稳定
    InitUart();                  //串口初始化
     while(1)
     {
        memset(temp, 0, 3);
        memset(humidity, 0, 3);

        DHT11();                 //获取温湿度

        //将温湿度转换成字符串
        temp[0]=wendu_shi+0x30;
        temp[1]=wendu_ge+0x30;
        humidity[0]=shidu_shi+0x30;
        humidity[1]=shidu_ge+0x30;

        //获得的温湿度通过串口输出到PC显示
        UartSendString(strTemp, 12);
        UartSendString(temp, 2);
        UartSendString("    ", 3);
        UartSendString(strHumidity, 9);
        UartSendString(humidity, 2);
        UartSendString("\n", 1);

        Delay_ms(2000);          //延时2 s
     }
}
```

3. 结果分析

(1) 正确连接CC2530开发板与仿真器，将工程编译、下载至CC2530开发板中。

(2) 下载完成后，选择"Debug"→"Go"命令全速运行。

(3) 用USB连接线将CC2530与PC连接，在PC上打开串口调试助手，设置波特率为115 200 b/s，8数据位，1停止位，无校验位。观察串口调试助手输出的数据。

(4) 用手握住DHT11温湿度传感器(或哈气)，温湿度值有明显变化，在串口调试助手中将看到图4-14所示结果。

图 4-14   DHT11 数据采集

任务 4   MQ-2 气体传感器

任务目标

(1) 掌握 MQ-2 气体传感器的使用。

(2) 掌握 ADC 的使用。

相关知识

MQ-2 气体传感器所使用的气敏材料是在清洁空气中电导率较低的二氧化锡(SnO_2)，当传感器所处环境中存在可燃气体时，传感器的电导率随空气中可燃气体浓度的增加而增大，使用简单的电路即可将电导率的变化转换为与该气体浓度相对应的输出信号。MQ-2 气体传感器对液化气、丙烷、氢气的灵敏度高，对天然气和其他可燃蒸气的检测也很理想。这种传感器可检测多种可燃性气体，是一款适合多种应用的低成本传感器。MQ-2 气体传感器实物及接线如图 4-15 所示。

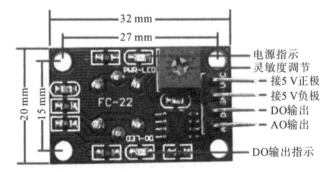

图 4-15   MQ-2 气体传感器实物及接线

MQ-2 气体传感器与 CC2530 的接口电路如图 4-16 所示。其中，VDD 为正极(5V)；GND

为负极；DO 为 TTL 开关信号输出(未使用)；AO 为模拟信号输出，接 CC2530 的 P0_6 引脚。

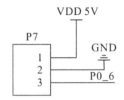

图 4-16　MQ-2 气体传感器与 CC2530 的接口电路

任务实施

1. 开发内容

CC2530 通过 ADC 读取可燃气体/烟雾传感器输出值，当检测到有可燃气体时，ADC 转换的值会发生变化。本任务的关键是对 ADC 进行配置，然后读取 ADC 采集到的值，再将采集到的值转换成电压值进行判断，最后将结果输出到串口，程序流程如图 4-17 所示。

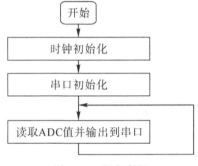

图 4-17　程序流程

任务中使用 P0_6 口作为检测引脚，当浓度高干设定值时，P0_6 为低电平；平时正常状态则为高电平。配置 P0_6 口的方法如下：

```
P0DIR &=～0x40;          //配置与 MQ-2 气体传感器连接的 P0_6 口为输入口
#define DATA_PIN P0_6    //定义 P0_6 口为 MQ-2 气体传感器的输入端
```

主函数实现的源码如下：

```
/*主函数*/
void main(void)
{
  CLKCONCMD &= ～0x40;      //设置系统时钟源为 32 MHz 晶振
  while(CLKCONSTA & 0x40); //等待晶振稳定为 32 MHz
  CLKCONCMD &= ～0x47;      //设置系统主时钟频率为 32 MHz
  InitUart();              //串口初始化
  while(1)
  {
    GasData = ReadGasData();
    //读取到的 AD 数值转换成字符串，供串口函数输出
    TxBuf[0] = GasData /100 + '0';
    TxBuf[1] = GasData /10%10 + '0';
```

```
        TxBuf[2] = GasData %10 + '0';
        TxBuf[3] = '\n';
        TxBuf[4] = 0;
        UartSendString(TxBuf, 4);          //通过串口发出数据
        DelayMS(2000);                     //延时函数
    }
}
```

获取气体浓度函数的源码解析如下：

```
/*获取气体浓度函数*/
uint16 ReadGasData( void )
{
    uint16 reading = 0;
    ADCCFG |= 0x40;                    //选择 P0_6 口作为 ADC 输入源
    ADCCON3 = 0x86;
    while (!(ADCCON1 & 0x80));         //等待 ADC 转换结束
    ADCCFG &= (0x80^0xFF);             //转换结束，关闭 ADC 通道
    /* 读取转换结果，存入 reading 变量中 */
    reading = ADCL;
    reading |= (int16) (ADCH << 8);
    reading >>= 8;
    return (reading);
}
```

2. 开发步骤

(1) 将 MQ-2 气体传感器插到 CC2530 开发板上，注意正确连接引脚。

(2) 正确连接 CC2530 开发板与仿真器，将工程编译、下载至 CC2530 开发板中。

(3) 下载完成后，选择"Debug"→"Go"命令全速运行。

(4) 用 USB 连接线将 CC2530 与 PC 连接，在 PC 上打开串口调试助手，设置波特率为 115 200 b/s，8 数据位，1 停止位，无校验位。观察串口调试助手输出的数据。

3. 结果分析

用打火机释放一些气体到 MQ-2 气体传感器探头处，观察串口数据的变化，如图 4-18 所示。

图 4-18 气体浓度采集值

任务 5　超声波测距传感器

任务目标

视频 4-4

(1) 熟悉 HC-SR04 超声波测距传感器的测距原理。

(2) 驱动 CC2530 控制超声波测距传感器测距。

相关知识

HC-SR04 超声波测距传感器实物如图 4-19 所示。

图 4-19　HC-SR04 超声波测距传感器实物

HC-SR04 超声波测距传感器的工作原理如下：

(1) 采用 I/O 口 Trig 触发测距，给至少 10 μs 的高电平信号。

(2) 模块自动发送 8 个 40 kHz 的方波，自动检测是否有信号返回。

(3) 有信号返回，通过 I/O 口 Echo 输出一个高电平，高电平持续的时间就是超声波从发射到返回的时间。

超声波传感器引脚 Trig 连接 CC2530 的 P1_3 口，通过在此 I/O 口给一个 10 μs 的高电平，即可触发模块测距。ADC 引脚 Echo 连接 CC2530 的 P0_7 口，通过测得 Echo 引脚的高电平时间，即可算出距离值，计算公式如下。Echo 高电平时间测量是通过 CC2530 的定时器 T1 来完成的。

$$测试距离 = \frac{高电平时间 \times 声速(340 \text{ m/s})}{2}$$

任务实施

1. 开发内容

本任务是通过 CC2530 控制 HC-SR04 超声波测距传感器测取距离，然后通过串口将结果显示出来，程序流程如图 4-20 所示。

主函数代码解析如下：

```
/*主函数*/
void main(void)
{
```

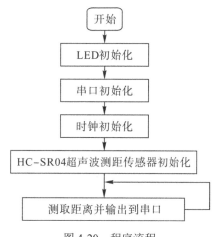

图 4-20　程序流程

```
        InitLed();
        InitUart();
        char StrDistance[6];
        while(1)
        {
        UltrasoundRanging(LoadRegBuf);
        Delay_1s(1);
        data=256*H2+L2-L1-256*H1;
        distance=(float)data*340/10000;
        memset(StrDistance, 0, 6);
        sprintf(StrDistance,"%.02f", distance);          //将浮点数转换成字符串
        UartSendString(StrDistance, 5);
        UartSendString("\n",2);
        if((int)distance<=20){
            LED1 = 1;
        }else{
            LED1 = 0;
        }
        distance=0;
        Delay_1s(2);
        };
    }
```

主函数主要实现了以下功能:

(1) 初始化 LED 函数 InitLed(): 设置 P1_0 为普通 I/O 口, 设置 P1 方向为输出。

(2) 初始化串口函数 InitUart(): 配置 I/O 口, 设置波特率、奇偶校验位和停止位。

(3) 在主函数中使用 while(1)检测超声波数据。

超声波初始化的源码解析如下:

```
    /* HC-SR04 超声波初始化函数*/
    void Init_UltrasoundRanging()
    {
        P1DIR = 0x08;            //设置 Trig 引脚 P1_3 为输出模式
        TRIG=0;                 //将 Trig 设置为低电平
        P0INP &= ~0x80;
        P0IEN |= 0x80;          //P0_7 中断使能
        PICTL |= 0x01;          //设置 P0_7 引脚, 下降沿触发中断
        IEN1 |= 0x20;           //P0IE = 1
        P0IFG = 0;
    }
```

超声波测距函数的源码解析如下:

```
    /*超声波测距函数*/
    void UltrasoundRanging(uchar *ulLoadBufPtr)
    {
```

```
SysClkSet32M();
Init_UltrasoundRanging();
EA = 0;
TRIG =1;
Delay_1us(10);                //需要延时 10 μs 以上的高电平
TRIG =0;
T1CNTL=0;
T1CNTH=0;
while(!ECHO);
T1CTL = 0x09;                //通道 0，中断有效，32 分频；自动重装模式(0x0000->0xffff)
L1=T1CNTL;
H1=T1CNTH;
*ulLoadBufPtr++=T1CNTL;
*ulLoadBufPtr++=T1CNTH;
 EA = 1;
}
```

2. 开发步骤

(1) 用杜邦线连接超声波传感器与 CC2530 开发板。

(2) 正确连接 CC2530 开发板与仿真器，将工程编译、下载至 CC2530 开发板中。

(3) 下载完成后，选择"Debug"→"Go"命令全速运行。

(4) 用 USB 连接线将 CC2530 与 PC 连接，在 PC 上打开串口调试助手，设置波特率为 115 200 b/s，8 数据位，1 停止位，无校验位。观察串口调试助手输出的数据。

3. 结果分析

程序运行后，串口输出物体到传感器的距离值(单位为 cm)。用物体挡在 HC-SR04 超声波测距传感器的两个探头前面，由远及近或由近及远慢慢移动物体，观察 PC 上串口输出的距离检测值，如图 4-21 所示。

图 4-21　串口输出超声波测量距离值

任务 6　BH1750 光照传感器

视频 4-5

任务目标

(1) 熟悉 BH1750 光照传感器的原理。

(2) 熟悉 I^2C 设备的驱动编程。

(3) 驱动 CC2530 控制 BH1750 光照传感器读取光照值。

相关知识

BH1750 光照传感器是一种用于两线式串行总线接口(Inter-Integrated Circuit，I^2C)的数字型光强度传感器集成电路，这种集成电路可以检测光线强度，内置了 16 位 ADC，将其转化为数字信号。利用它的高分辨率可以探测较大范围的光照强度的变化。

光照强度是指光照的强弱，以单位面积上所接收可见光的能量来量度，简称照度，单位为勒克斯(Lux 或 Lx)。被光均匀照射的物体，在 1 平方米面积上所得的光通量是 1 流明时，它的照度是 1 勒克斯。流明是光通量的单位。发光强度为 1 烛光的点光源，在单位立体角(1 球面度)内发出的光通量为 1 流明。

BH1750 光照传感器原理电路如图 4-22 所示。

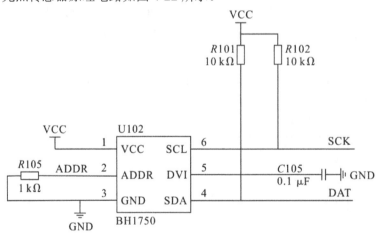

图 4-22　BH1750 光照传感器原理电路

图 4-22 中，VCC、GND 是芯片的电源端口，这里输入的是 3.3 V 直流电压。

ADDR 是控制 BH1750 光照传感器地址的端口，当 ADDR 端口电压大于 2.31 V 时，BH1750 光照传感器地址为 0xb8；当 ADDR 端口电压小于 0.99 V 时，BH1750 光照传感器地址为 0x46。图 4-22 中直接通过 1 kΩ 电阻将其接地，可知 BH1750 光照传感器地址被设置为 0x46。

DVI 是 I^2C 总线的参考电压端口，也是整个芯片的非同步复位端口。当芯片上电的瞬间，需要将该端口保持低电位，1 μs 过后拉高 DVI。

SCK 是 I^2C 总线的时钟信号端，用来产生高低电平变化，控制数据的输入和输出。

DAT 是 I^2C 总线的数据端，它的作用就是传输数据。通过 SCK、DAT 两者配合使用，

使 I^2C 设备处在不同的状态。对于 I^2C 设备，其典型的电路就是上拉 $10 k\Omega$。

I^2C 两条线可以挂多个设备。I^2C 设备里有一个固化的地址，只有在两条线上传输的值等于 I^2C 设备的地址时，该设备才做出响应，如图 4-23 所示。

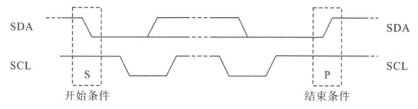

图 4-23   开始和结束

开始信号：处理器让 SCL 时钟保持高电平，然后让 SDA 数据信号由高变低，表示一个开始信号。I^2C 总线上的设备检测到这个开始信号，就知道处理器要发送数据了。

停止信号：处理器让 SCL 时钟保持高电平，然后让 SDA 数据信号由低变高，表示一个停止信号。I^2C 总线上的设备检测到这个停止信号，就知道处理器已经结束了数据传输。

任务实施

1. 开发内容

视频 4-6

本任务实现光照强度的数据读取，并通过串口上传到 PC 显示。由于 BH1750 光照传感器是 I^2C 设备，因此程序设计比较复杂，主要是 I^2C 的时序配置和 BH1750 光照传感器模块的配置，程序流程如图 4-24 所示。

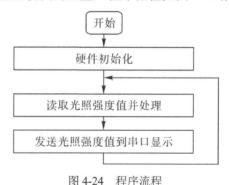

图 4-24   程序流程

在硬件初始化中，主要是处理所用到的 SCK、SDA 引脚，初始化串口功能，来显示读取到的光照数据。

参考代码解析：启动 I^2C 时，数据在时钟高电平时从高向低跃变；结束 I^2C 时，数据在时钟高电平时从低向高跃变。I^2C 的开始和结束代码如下：

```
/*启动 I2C*/
void start_i2c(void)
{
    SDA_W();                    //设置 SDA 为输出
    LIGHT_DTA_1();              //SDA 拉高
    LIGHT_SCK_1();             //SCK 拉高
    delay_nus();               //适当延时，根据示波器波形调节而来
```

```
        LIGHT_DTA_0();              //SDA 拉低
        delay_nus();                //延时
        LIGHT_SCK_0();              //SCK 拉低
        delay_nus()  ;              //延时
    }
```

在 I^2C 开始代码中可以看到，在 SCL 高电平持续时间内，SDA 产生了一个由高变低的下降沿，然后待低电平稳定后，标志 I^2C 开始。

```
    /*结束 I²C */
    void stop_i2c(void)
    {
        SDA_W() ;                   //设置 SDA 为输出
        LIGHT_DTA_0() ;             //SDA 拉低
        delay_nus();                //延时
        LIGHT_SCK_1() ;             //SCK 拉高
        delay_nus();                //延时
        LIGHT_DTA_1() ;             //SDA 拉高
        delay_nus();                //延时
        LIGHT_SCK_0() ;             //SCK 拉低
        delay_nus();                //延时

    }
```

在 I^2C 结束代码中可以看到，在 SCK 高电平持续时间内，SDA 产生了一个由低变高的上升沿，然后待高电平稳定后，标志 I^2C 结束。I^2C 总线的响应如图 4-25 所示。

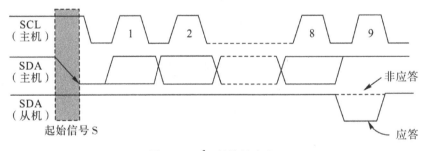

图 4-25　I^2C 总线的响应

数据传输过程：SDA 上传输的数据必须在 SCL 为高电平期间保持稳定，因为外接 I^2C 设备只有在 SCL 为高电平期间采集数据时才会知道 SDA 是高或低电平。SDA 上的数据只能在 SCL 为低电平期间翻转变化。为了能保证上述高低电平的要求，需要用精确的延时来控制高低电平的持续时间。

响应信号(ACK)：处理器把数据发给外接 I^2C 设备，如何知道 I^2C 设备已经收到数据了呢？就需要外接 I^2C 设备回应一个信号给处理器。处理器发完 8 比特数据后不再驱动总线(SDA 引脚变为输入)，而 SDA 和 SCK 硬件设计时都有上拉电阻，所以这时 SDA 变成高电平。那么在第 8 个数据位，如果外接 I^2C 设备能收到信号，接着在第 9 个周期把 SDA 拉低，那么处理器检测到 SDA 拉低就能知道外接 I^2C 设备已经收到数据；若没有收到应答，SDA 会一直处于高电平状态。

　　I^2C 发送数据的代码如下,发送字节并且判断是否收到 ACK,当收到 ACK 时返回为 0,否则返回为 1。

```
/*发送数据*/
char i2c_send(unsigned char val)
{
    int i;
    char error=0;
    SDA_W();
//发送数据
    for(i=0x80;i>0;i/=2)
    {
        if(val&i)
            LIGHT_DTA_1();
        else
            LIGHT_DTA_0();
        delay_nus();
        LIGHT_SCK_1() ;
        delay_nus();
        LIGHT_SCK_0() ;
        delay_nus();
    }
    LIGHT_DTA_1();
    SDA_R();
    LIGHT_SCK_1() ;
    delay_nus();
//等待 SDA 的响应,若没有拉低,说明无应答
    if(LIGHT_DTA())
        error=1;
    delay_nus();
    LIGHT_SCK_0() ;
    return error;
}
```

　　I^2C 接收数据的代码如下,读取 I^2C 的字节,并且发送 ACK,当参数为 1 时发送一个 ACK(低电平)。

```
char i2c_read(char ack)
{
    int i;
    char val=0;
    LIGHT_DTA_1();
//读取数据,存入 val
    for(i=0x80;i>0;i/=2)
    {
        LIGHT_SCK_1() ;
```

```
        delay_nus();
        SDA_R();
        if(LIGHT_DTA())
                val=(val|i);
        delay_nus();
        LIGHT_SCK_0() ;
        delay_nus();
    }
    SDA_W();
    if(ack)
      LIGHT_DTA_0();
    else
      LIGHT_DTA_1();
    delay_nus();
    LIGHT_SCK_1() ;
    delay_nus();
    LIGHT_SCK_0() ;
    LIGHT_DTA_1();
    return val;

}
```

数据传输：SDA 上的数据只能在 SCL 为低电平期间翻转变化，在 SCL 为高电平期间必须保持稳定，I^2C 设备只在 SCL 为高电平期间采集 SDA 数据。

BH1750 光照传感器地址为 0x46，选择连续高分辨率模式，程序时序如下。

(1) 写指示：首先发送 I^2C 起始信号，再发送 7 位从机地址+1 位写标志位，即 0x46；然后等待从机应答，若收到应答，就开始发送连续高分辨率的指令 0x10，再次等待应答，应答后发送 I^2C 停止信号。主机向从机写指示时序如图 4-26 所示。

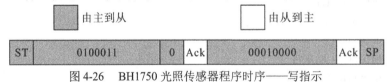

图 4-26　BH1750 光照传感器程序时序——写指示

(2) 等待 BH1750 光照传感器完成测量。

(3) 读数据：先发送 I^2C 起始信号，再发送 7 位器件地址+1 位读标志位，即 0x47，等待从机应答。若收到应答，主机就可以开始读取 I^2C 数据。主机读取完高 8 位数据，主机要向从机发送 Ack 应答信号；然后读取低 8 位数据，主机发送非应答信号，结束 I^2C 通信。主机读取从机数据时序如图 4-27 所示。

图 4-27　BH1750 光照传感器程序时序——读数据

根据以上分析，可以得到获取光照值程序，如下：

```
/*测量光照强度函数*/
unsigned short get_light(void)
```

```
    {
            unsigned char ack5=1;
            unsigned char ack6=1;
            unsigned char ack7=1;

            unsigned char t0;
            unsigned char t1;
            unsigned short t;
            delay_nms(200);

        start_i2c();
        //发送地址
        ack5=i2c_send(0x46);
        if(ack5)
                return 251;
        //发送模式
        ack6=i2c_send(0x10);
        if(ack6)
                return 250;
        stop_i2c();
            //等待数据采集并转换完成
            delay_nms(1500);
            start_i2c();
            //发送读取信号
        ack7=i2c_send(0x47);
        if(ack7)
                return 249;
            //读取数据
            t0 = i2c_read(1);
            t1 = i2c_read(0);
            stop_i2c();
            t =   ((short)t0)<<8;
            t |= t1;
            return t;
    }
```

前面的 I^2C 读写主要是为了得到 get_light(void)函数，该函数的返回值就是光照强度，通过串口将该值显示在串口助手即可。

2. 开发步骤

(1) 新建工程并命名为 BH1750。

(2) 复制 BH1750 驱动模块和串口驱动模块(light.c、light.h、UART.C、UART.H)到工程文件夹下，如图 4-28 所示。

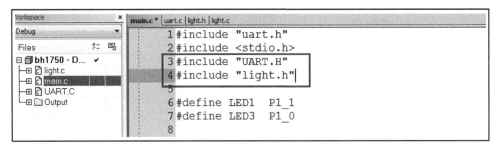

图 4-28　复制驱动模块

(3) 添加 light.c、UART.C 到工程目录下。

(4) 在 main.c 中添加头文件，如图 4-29 所示。

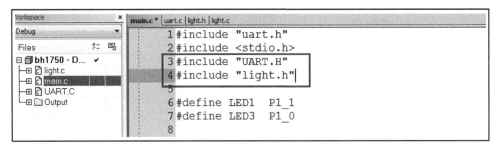

图 4-29　添加头文件

(5) 主函数代码如下：

```
/*主函数*/
int main(void)
{
    //系统初始化
    InitClock();
    InitUART1();
    led_init();
    LIGHT_INIT();
    unsigned long light_intensity;
    char light[8] = {0};
    while(1)
    {
        light_intensity = get_light();
        light_intensity = (unsigned long)(light_intensity / 1.2);
        //十六进制转成十进制
        light[0] = light_intensity /10000 + '0';           //万位
        light[1] = (light_intensity %10000)/1000 + '0';    //千位
        light[2] = (light_intensity %1000)/100 + '0';      //百位
        light[3] = (light_intensity %100)/10 + '0';        //十位
        light[4] =  light_intensity %10 + '0';             //个位
```

```
        UartSendString(light, sizeof(light));          //串口发送数据
        DelayMS(1000);                                  //1 s 发送一次
    }
}
```

3. 结果分析

(1) 用杜邦线连接 HB1750 光照传感器与 CC2530 开发板，连接方式为 GND—地、VCC—3.3V、ADO—悬空、SDA—P0_5、SCL—P0_6。

(2) 正确连接 CC2530 开发板与仿真器，将工程编译、下载至 CC2530 开发板中。

(3) 下载完成后，选择"Debug"→"Go"命令全速运行。

(4) 用 USB 连接线将 CC2530 与 PC 连接，在 PC 上打开串口调试助手，设置波特率为115 200 b/s，8 数据位，1 停止位，无校验位。观察串口调试助手输出的数据。

(5) 运行程序后，打开串口助手，运行单片机程序，即可看到 HB1750 光照传感器每隔 1 s 传上来的光照强度数据，如图 4-30 所示。改变光照强度(用手遮住或用手电筒照射)，观察数值的变化。

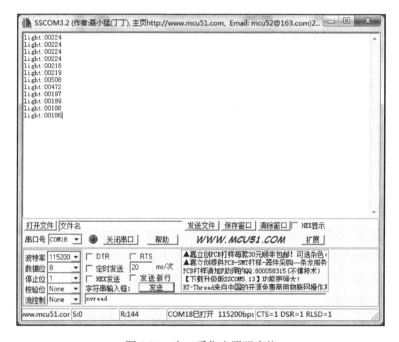

图 4-30　串口采集光照强度值

任务 7　继电器控制

任务目标

(1) 掌握继电器的工作原理。

(2) 学会驱动 CC2530 实现对继电器的控制。

相关知识

继电器是一种电子控制器件，它具有控制系统(又称输入回路)和被控制系统(又称输出回路)，通常应用于自动控制电路中。继电器实际上是用较小的电流控制较大电流的一种"自动开关"，故在电路中起着自动调节、安全保护及转换电路等作用。

本任务使用型号为 SRD-05VDC-SL-C 的小型功率继电器，图 4-31 所示为继电器实物。继电器与 CC2530 的接口电路如图 4-32 所示，其中引脚 1 接电源正极，3.3 V；引脚 2 接电源负极；引脚 3 为信号输入端，接 CC2530 的 P0_5 引脚。

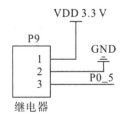

图 4-31　继电器实物　　　　　　图 4-32　继电器与 CC2530 的接口电路

任务实施

1. 开发内容

本任务实现单片机使用 P0_5 口控制输出引脚状态翻转，从而控制继电器吸合、断开状态翻转，高电平继电器断开，低电平继电器吸合，并且继电器吸合指示灯亮，程序流程如图 4-33 所示。

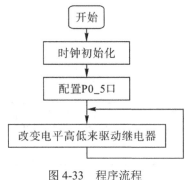

图 4-33　程序流程

实现源码解析如下：

```c
#include <ioCC2530.h>

typedef unsigned char uchar;
typedef unsigned int    uint;

#define DATA_PIN P0_5          //定义 P0_5 口为输出口

/*延时函数*/
```

```
void DelayMS(uint msec)
{
    uint i,j;

    for (i=0; i<msec; i++)
        for (j=0; j<535; j++);
}
/*主函数*/
void main(void)
{
    P0DIR |= 0x20;              //定义 P0_5 口为输出口
    while(1)                    //死循环，继电器间隔 3 s 开关一次
    {
        DATA_PIN = 1;          //低电平触发的继电器断开，如果相反则改成 DATA_PIN=0
        DelayMS(3000);
        DATA_PIN = 0;          //继电器吸合
        DelayMS(3000);
    }
}
```

2. 开发步骤

(1) 用杜邦线连接继电器与 CC2530 开发板。

(2) 正确连接 CC2530 开发板与仿真器，将工程编译、下载至 CC2530 开发板中。

3. 结果分析

运行程序，间隔 3 s 能听到继电器开合的"咔嚓"声，高电平继电器断开，低电平继电器吸合，并且继电器吸合指示灯亮。

课 后 练 习

简答题

1. 简述模块化编程思想。

2. 简述模块化编程步骤。

3. 以温湿度传感器 DHT111 为例，简述单总线协议编程流程。

项目五　　ZigBee 无线组网技术

本项目主要学习 ZigBee 无线组网技术，包括 ZigBee 协议栈点对点通信、串口应用、广播和单播、无线温湿度采集等。

本项目开发环境如下：

硬件：CC2530 开发板、SmartRF 仿真器、PC、传感器等。

软件：IAR 集成开发环境。

任务 1　ZigBee 协议栈点对点通信

任务目标

(1) 掌握点对点通信原理。

(2) 掌握协议栈例程的裁剪。

相关知识

视频 5-1

1. ZigBee 简介

ZigBee 主要应用在短距离范围之内且数据传输速率不高的各种电子设备之间。ZigBee 联盟成立于 2001 年 8 月，2002 年下半年，Invensys、Mitsubishi、Motorola 以及 Philips 半导体公司四大巨头共同宣布加盟 ZigBee 联盟，研发 ZigBee 的下一代无线通信标准。该联盟大约已有 27 家成员企业。所有这些公司都参加了负责开发 ZigBee 物理和媒体控制层技术标准的 IEEE 802.15.4 工作组。

1) ZigBee 的特点

ZigBee 具有如下主要特点：

(1) 数据传输速率低：只有 10 kb/s～250 kb/s，专注于低速率传输应用。

(2) 功耗低：在低耗电待机模式下，两节普通 5 号干电池可使用 6 个月到 2 年。由于不同应用具有不同的功耗，因此具体的使用时间还受具体应用场合的影响。

(3) 成本低：因为 ZigBee 数据传输速率低，协议简单，所以大大降低了成本。

(4) 网络容量大：一个 ZigBee 设备可以与 254 个设备相连接，一个 ZigBee 网络可以容纳 65 536 个从设备和一个主设备，一个区域内可以同时存在 100 个 ZigBee 网络。

(5) 有效范围小：有效覆盖范围为 10 m～200 m，具体依据实际发射功率的大小和各种不同的应用模式而定，基本上能够覆盖普通家庭或办公室环境。

(6) 工作频段灵活：使用的频段分别为 2.4 GHz、868 MHz(欧洲)及 915 MHz(美国)，均为免执照频段。

2) ZigBee 无线网络通信信道分析

天线对于无线通信系统来说至关重要，在日常生活中可以看到各式各样的天线，如手机天线、电视接收天线等。天线的主要功能可以概括为完成无线电波的发射与接收。发射时，把高频电流转换为电磁波发射出去；接收时，将电磁波转换为高频电流。

如何区分不同的电波呢？

一般情况下，不同的电波具有不用的频谱，无线通信系统的频谱有几十兆赫兹到几千兆赫兹，包括收音机、手机、卫星电视等使用的波段，这些电波都使用空气作为传输介质来传播。为了防止不同的应用之间相互干扰，就需要对无线通信系统的通信信道进行必要的管理。

各个国家都有自己的无线电管理机构，如美国的联邦通信委员会(Federal Communications Commission，FCC)、欧洲电信标准协会(European Telecommunications Standards Institute，ETSI)。我国的无线电管理机构称为工业和信息化部无线电管理局，其主要职责是负责无线电频率的划分、分配与指配，卫星轨道位置协调和管理，无线电监测、检测、干扰查处，协调处理电磁干扰事宜和维护空中电波秩序等。

一般情况下，使用某一特定的频段需要得到无线电管理部门的许可。当然，各国的无线电管理部门也规定了一部分频段是对公众开放的，不需要许可即可使用，以满足不同的应用需求，这些频段包括 ISM (Industrial，Scientific，and Medical，工业、科学和医疗)频带。

除了 ISM 频带外，在我国低于 135 kHz，在北美、日本等地低于 400 kHz 的频带也是免费频段。各国对无线频谱的管理不仅规定了 ISM 频带的频率，同时也规定了在这些频带上所使用的发射功率。在项目开发过程中，需要查阅相关的手册，如我国工业和信息化部发布的《微功率(短距离)无线电设备管理暂行规定》。

IEEE 802.15.4 (ZigBee)工作在 ISM 频带，其定义了两个频段：2.4 GHz 频段和 896 MHz/915 MHz 频段。在 IEEE 802.15.4 中共规定了 27 个信道：

(1) 在 2.4 GHz 频段共有 16 个信道，信道通信速率为 250 kb/s。

(2) 在 915 MHz 频段共有 10 个信道，信道通信速率为 40 kb/s。

(3) 在 896 MHz 频段有 1 个信道，信道通信速率为 20 kb/s。

ISM 频段信道分布如图 5-1 所示。

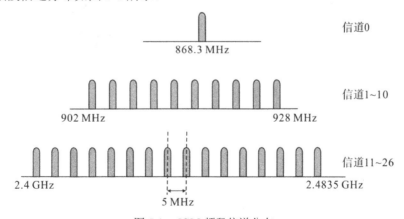

图 5-1 ISM 频段信道分布

3) ZigBee 应用领域

ZigBee 的应用领域主要包括家庭和楼宇、工业控制、公共场所、农业控制、商业和医疗等，如图 5-2 所示。

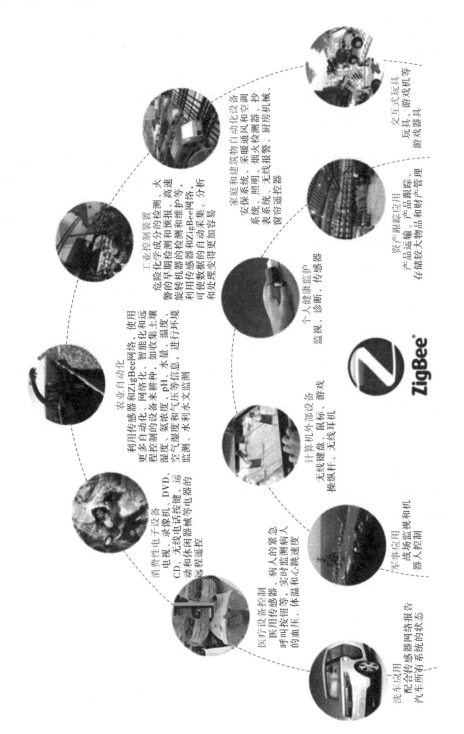

图 5-2　ZigBee 技术的应用领域

2. ZigBee 的设备类型

低数据速率的 WPAN 中包括两种无线设备：全功能设备(Full Function Device，FFD)和精简功能设备(Reduce Function Device，RFD)。其中，FFD 可以和 FFD、RFD 通信；而 RFD 只能和 FFD 通信，RFD 之间是无法通信的。RFD 的应用相对简单，如在传感器网络中，它们只负责将采集的数据信息发送给协调器，并不具备数据转发、路由发现和路由维护等功能。RFD 占用资源少，需要的存储容量也小，成本比较低。

ZigBee 标准将网络节点按照功能划分为协调器(Coordinator)、路由器(Router)和终端设备(End Device)三种类型。

(1) 协调器。在一个 ZigBee 网络中，至少存在一个 FFD 充当整个网络的协调器，即 PAN(Personal Area Network)协调器。一个 ZigBee 网络只有一个 PAN 协调器，它具有较强大的功能，是整个网络的主要控制者，负责建立新的网络、发送网络信标、管理网络中的节点以及存储网络信息等。PAN 协调器控制网络并且执行以下职责：为网络中每个设备分配一个唯一地址(16 位或 64 位)。FFD 和 RFD 都可以作为终端节点加入 ZigBee 网络。

(2) 路由器。路由器主要实现允许设备加入网络、扩展网络覆盖的物理范围和数据包路由等功能。

(3) 终端设备。终端设备主要负责无线网络数据的采集。

3. ZigBee 网络拓扑

ZigBee 网络支持星状、网状、簇(树)状三种网络拓扑结构，如图 5-3 所示，图中●代表协调器节点，■代表路由器节点，▲代表终端节点。

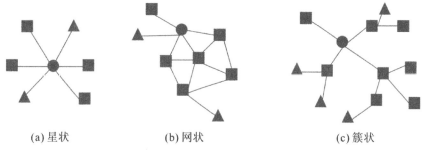

(a) 星状　　　　　　　　(b) 网状　　　　　　　　(c) 簇状

图 5-3　ZigBee 网络拓扑结构

星状网络：所有的终端设备都只与 PAN 协调器通信，且只允许 PAN 协调器与终端设备通信，终端设备和终端设备不能直接通信，终端设备间的消息通信需通过 PAN 协调器进行转发。

网状网络：网状网络中任意两个路由器能够直接通信，且具有路由功能的节点不用沿着树来通信，而是可以直接把消息发送给其他的路由节点。

簇状网络：由一个 PAN 协调器和一个或多个星状网络组成，终端设备可以选择加入 PAN 协调器或者路由器。设备能与自己的父节点或子节点直接通信，但与其他设备的通信只能依靠簇状节点组织路由进行。

4. ZigBee 的相关概念

(1) 信道：2.4 GHz～2.4835 GHz 频段有 16 个独立的信道，每个信道间隔为 5 MHz。这 16 个信道分别为 11～26 信道，如 11 信道定义为 0x800。

(2) PAN ID：网络编号，用来区分不同的 ZigBee 网络。协调器是通过选择网络信道及

PAN ID 来启动一个无线网络的。PAN ID 的有效范围为 0~0x3FFF。

(3) 地址：ZigBee 网络有两种类型的地址，即扩展地址和短地址。

① 扩展地址：又称 IEEE 地址、MAC(Media Access Control，媒体访问控制)地址。扩展地址位数为 64 位，由设备商固化在设备里。任何 ZigBee 网络设备都具有全球唯一的扩展地址，在 PAN 中，此地址可以直接用于通信。

② 短地址：又称为网络地址，它用于在本地网络中标识设备节点，短地址位数为 16 位。在协调器建立网络后，使用 0x0000 作为自己的短地址。在设备需要关联时，由父设备分配 16 位短地址，设备可以使用 16 位短地址在网络中进行通信。不同的 ZigBee 网络可能具有相同的短地址。

5. Z-Stack 协议栈

2007 年 4 月，德州仪器推出业界领先的 ZigBee 协议栈，Z-Stack 符合 ZigBee 2006 规范，支持多种平台。Z-Stack 包含网状网络拓扑的全功能的协议栈，在竞争激烈的 ZigBee 领域占有非常重要的地位。

视频 5-2

ZigBee 的体系结构由称为层的各模块组成。每一层为其上层提供特定的服务，即由数据服务实体提供数据传输服务，管理实体提供所有的其他管理服务。每个服务实体通过相应的服务访问点(Service Accessing Point，SAP)为其上层提供一个接口，每个服务接入点通过服务原语来完成所对应的功能。ZigBee 协议的体系结构如图 5-4 所示。

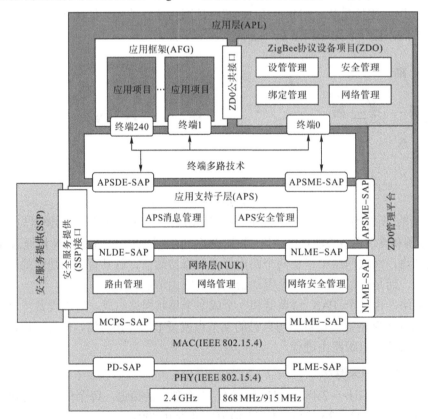

图 5-4　ZigBee 协议的体系结构

1) Z-Stack 协议栈的架构

Z-Stack 协议栈就是将各个层定义的协议都集合在一起，以函数的形式实现，并给用户提供一些 API(Application Programming Interface，应用程序编程接口)，供用户调用。Z-Stack 协议栈的软件架构如图 5-5 所示。

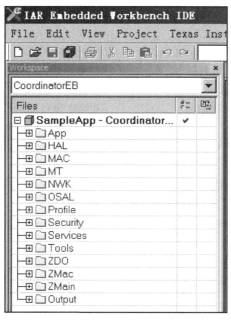

图 5-5　Z-Stack 协议栈的软件架构

App(Application)：应用层目录，这是用户创建各种不同工程的区域。该目录中包含了应用层的内容和该项目的主要内容，在协议栈中一般是以操作系统的任务实现的。

HAL(Hardware Abstraction Layer)：硬件层目录，包含与硬件相关的配置和驱动及操作函数。

MAC：MAC 层目录，包含 MAC 层的参数配置文件及 MAC 层 LIB 库的函数接口文件。

MT(Monitor Test)：监控调试层，主要用于调试目的，即实现通过串口调试各层，与各层进行直接交互。

NWK(Network Layer)：网络层目录，包含网络层配置参数文件及网络层库的函数接口文件、APS 层库的函数接口。

OSAL(Operating System Abstraction Layer)：操作系统抽象层，为协议栈的操作系统。

Profile：AF(Application Framework)层目录，包含 AF 层处理函数文件。

Security：安全层目录，包含安全层处理函数接口文件，如加密函数等。

Services：地址处理函数目录，包含地址模式的定义及地址处理函数。

Tools：工程配置目录，包含空间划分和 Z-Stack 相关的配置信息。

ZDO：ZigBee 设备对象，可认为是一种公共的功能集，文件用户用自定义的对象调用 APS 子层的服务和 NWK 层的服务。

ZMac：MAC 层目录，包括 MAC 层参数配置及 MAC 层 LIB 库函数回调处理函数。

ZMain：主函数目录，包括入口函数 main()及硬件配置文件。

Output：输出文件目录层。

2) Z-Stack 协议栈的工作机制

(1) Z-Stack 协议栈的启动流程。Z-Stack 由 main()函数开始执行，main()函数共做了两件事：一是系统初始化，二是开始执行轮转查询式操作系统。

Z-Stask 协议栈的启动入口函数 main()在 Zmain 中的 Zmain.c 文件中，代码如下：

```
int main( void )
{
    osal_int_disable( INTS_ALL );         //关闭所有中断
    HAL_BOARD_INIT();                     //初始化硬件外部设备，包括系统时钟
    zmain_vdd_check();                    //检查芯片电压是否正常
    InitBoard( OB_COLD );                 //初始化 I/O、LED、Timer 等
    HalDriverInit();                      //初始化芯片各个硬件模块
    osal_nv_init( NULL );                 //初始化 nv 设备
    ZMacInit();                           //初始化 MAC 层
    zmain_ext_addr();                     //确定 IEEE 地址
#if defined ZCL_KEY_ESTABLISH
    zmain_cert_init();                    //初始化 Certicom 认证信息
#endif
    zgInit();                             //初始化一些非易失变量
#ifndef NONWK
    afInit();                             //初始化应用层框架
#endif
    osal_init_system();                   //初始化操作系统
    osal_int_enable( INTS_ALL );          //使能全部中断
    InitBoard( OB_READY );                //初始化按键
    zmain_dev_info();                     //显示设备信息
#ifdef LCD_SUPPORTED
    zmain_lcd_init();                     //初始化 lcd
#endif
#ifdef WDT_IN_PM1
    WatchDogEnable( WDTIMX );             //初始化看门狗
#endif
    osal_start_system();                  //启动操作系统
    return 0;
}
```

其中 Z-Stack 操作系统初始化函数 osal_init_system()的代码如下：

```
byte osal_init_system( void )
{
    osal_mem_init();                      //初始化内存分配系统
    osal_qHead = NULL;                    //初始化消息队列
    osalTimerInit();                      //初始化定时器
    osal_pwrmgr_init();                   //初始化电源管理
    osalInitTasks();                      //初始化系统的任务
```

```
    osal_mem_kick();                              //创建栈顶
    return ( ZSUCCESS );

}
```

从 main()函数代码中可以看到，Z-Stack 协议栈除了对硬件设备进行注册初始化以外，还对 OSAL 操作系统进行了初始化。操作系统初始化完成之后，开启中断，初始化硬件设备、看门狗，最后启动操作系统。

（2）Z-Stack OSAL 操作系统运行机制。ZigBee 协议栈包含了 ZigBee 协议所规定的基本功能，这些功能是以函数的形式实现的。为了便于管理这些函数集，ZigBee 协议栈内加入了实时操作系统，称为 OSAL。

在基于 ZigBee 协议栈的应用程序中，用户只需要实现应用层的程序开发即可。从图 5-4 可以看出，应用程序框架中包含了最多 240 个应用程序对象，每个应用程序对象运行在不同的端口上。因此，端口的作用是区分不同的应用程序对象。可以把一个应用程序对象看成一个任务，因此需要一个机制来实现任务的切换、同步和互斥，这就是 OSAL 产生的根源。

从上面的分析可以得出以下结论：OSAL 就是一种支持多任务运行的系统资源分配机制。OSAL 与标准的操作系统还是有一定的区别的，OSAL 实现了类似操作系统的某些功能，如任务切换、提供内存管理功能等，但其并不能成为真正意义上的操作系统。

我们在对 Z-Stack 协议栈的编程中使用了 OSAL 的多任务机制，这个机制是怎么实现的呢？查看系统初始化函数 osal_init_system()可以发现，在任务初始化函数 osalInitTasks()中，OSAL 操作系统将需要执行的任务注册到系统的任务队列中。

```
    void osalInitTasks( void )
    {
        uint8 taskID = 0;

        tasksEvents = (uint16 *)osal_mem_alloc( sizeof( uint16 ) * tasksCnt);
        osal_memset( tasksEvents, 0, (sizeof( uint16 ) * tasksCnt));

        macTaskInit( taskID++ );
        nwk_init( taskID++ );
        Hal_Init( taskID++ );
#if defined( MT_TASK )
        MT_TaskInit( taskID++ );
#endif
        APS_Init( taskID++ );
#if defined ( ZigBee_FRAGMENTATION )
        APSF_Init( taskID++ );
#endif
        ZDApp_Init( taskID++ );
#if defined ( ZigBee_FREQ_AGILITY ) || defined ( ZigBee_PANID_CONFLICT )
        ZDNwkMgr_Init( taskID++ );
#endif
```

```
        SampleApp_Init( taskID );
    }
```

由于 ZigBee 协议栈的实时性要求并不高，因此在设计任务调度程序时，OSAL 采用了轮询任务调度队列的方法来进行任务调度管理。其 OSAL 操作系统运行机制如图 5-6 所示。

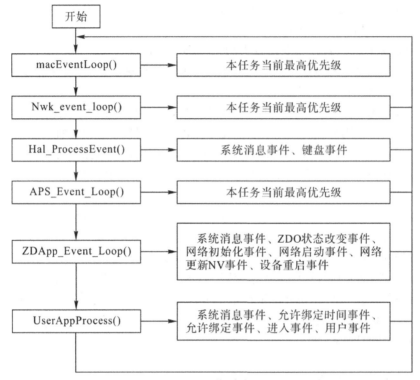

图 5-6　　OSAL 操作系统运行机制

OSAL 采用一个链表结构来管理协议栈各层相应的任务，链表中的每一项是一个结构体，用来记录链表中相关任务的基本信息。链表的建立是按照任务优先级从高到低的顺序进行插入的，优先级高的任务将被插入优先级低的任务前面；如果两个任务优先级相同，则按照时间顺序加入链表中。该任务链表在系统启动时建立，一旦建立便一直存在于事件系统运行的过程中，直到系统关闭或硬件复位才被销毁。

当任务链表建立成功后，系统便开始运行。如果在系统运行的过程中有事件发生，系统就会通过调用相应的任务，即事件处理函数，对所发生的事件进行相应处理。在整个运行过程中，调度程序(OSAL)始终不停地轮询任务队列链表，以发现需要处理的事件(相当于任务链表放在那里是静态的，任务只是一个在那里等着的"服务"，只有事件是动态的，当事件到来时，操作系统才会从任务链表中取出对应的任务，此时才会执行任务)。

如果不包括调试任务，操作系统一共要处理六项任务，分别为 MAC 层、网络层、硬件抽象层、应用层、ZigBee 设备应用层及完全由用户处理的应用层，其优先级由高到低。MAC 层任务具有最高优先级，用户处理的应用层具有最低的优先级。Z-Stack 协议栈已经编写了对从 MAC 层到 ZigBee 设备应用层这五层任务的事件处理函数，一般情况下不需要修改这些函数，只需要按照自己的需求编写应用层的任务及事件处理函数即可。

3) Z-Stack 协议栈的开发流程

(1) Z-Stack 资源信息修改。在实际产品开发中，有时会遇到使用的硬件与 Z-Stack 协议栈并不完全兼容的情况，这主要体现在硬件芯片 I/O 口的功能定义与 Z-Stack 协议栈中的定义不符合。

很多时候我们并不需要在自己的任务中初始化 I/O 设备并重新定义功能接口，而是在 Z-Stack 协议栈中的 HAL 层中修改相应的硬件宏定义即可。

(2) Z-Stack 常用 API 函数。API 是一些预先定义的函数，目的是提供应用程序与开发人员基于某软件或硬件可以访问一组例程的能力，而又无需访问源码或理解内部工作机制的细节。

① 系统事件注册 API：

```
//定时启动一个事件
uint8 osal_start_timerEx(uint8 taskID,          //注册到的任务 ID
                         uint16 event_id,        //需要注册的事件 ID
                         uint16 timeout_value)   //定时器倒计时时间（ms）
//启动一个事件
uint8 osal_set_event(uint8 task_id,             //注册到的任务 ID
                     uint16 event_id)           //需要注册的事件 ID
```

② 串口操作 API：

```
//打开串口
uint8 HalUARTOpen(uint8 port,                   //端口号
                  halUARTCfg_t *config)         //串口信息结构体
//关闭串口
void HalUARTClose( uint8 port )
//串口写
uint16 HalUARTWrite(uint8 port,                 //串口号
                    uint8 *buf,                 //输出的字符串
                    uint16 len)                 //字符串长度
//串口读
uint16 HalUARTRead(uint8 port,                  //串口号
                   uint8 *buf,                  //读取的字符串缓冲区
                   uint16 len)                  //要读取的长度
```

③ NV 操作 API：

```
//NV 写
uint8 osal_nv_write(uint16 id,                  //NV 条目 ID 号
                    uint16 ndx,                 //距离条目开始的地址偏移量
                    uint16 len,                 //要写入的数据长度
                    void* buf)                  //指向存放写入数据缓冲区的指针
//NV 读
uint8 osal_nv_read(uint16 id,                   //NV 条目 ID 号
                   uint16 ndx,                  //距离条目开始的地址偏移量
                   uint16 len,                  //要读取的数据长度
                   void* buf)                   //指向存放读取数据缓冲区的指针
```

④ 网络 API：

uint16 NLME_GetShortAddr(void)	//返回该节点的网络地址
byte*　NLME_GetExtAddr(void)	//返回该节点 MAC 地址的指针
uint16 NLME_GetCoordShortAddr(void)	//返回父节点的网络地址
void　　NLME_GetCoordExtAddr(byte* buf)	//取回父节点的 MAC 地址指针

⑤ 数据无线发送 API：

```
//无线发送数据
afStatus_t AF_DataRequest(afAddrType_t *dstAddr,     //目的地址、传送方式
                                                     //个域网 ID、端口号
                          endPointDesc_t *srcEP,     //任务 ID、端口号
                                                     //设备描述结构信息
                          uint16 cID,                //clusterID 号
                          uint16 len,                //发送数据的长度
                          uint8 *buf,                //发送数据的内容
                          uint8 *transID,            //发送序列号
                          uint8 options,             //有效位掩码的发送选项
                          uint8 radius )             //传送跳数，通常设置为
                                                     //AF_DEFAULT_RADIUS
```

(3) Z-Stack 注册任务及事件处理函数。要使用 Z-Stack 协议栈进行开发，就要熟悉协议栈的注册任务和事件处理函数。

前面在协议栈的入口函数中调用了 osal_init_system()函数，osal_init_system()函数的定义中调用了 osalInitTasks()函数。osalInitTasks()函数是应用层研发人员编写的添加任务函数，具体形式如下：

```
        void osalInitTasks( void )
        {
            uint8 taskID = 0;

            tasksEvents = (uint16 *)osal_mem_alloc( sizeof( uint16 ) * tasksCnt);
            osal_memset( tasksEvents, 0, (sizeof( uint16 ) * tasksCnt));

            macTaskInit( taskID++ );
            nwk_init( taskID++ );
            Hal_Init( taskID++ );
#if defined( MT_TASK )
            MT_TaskInit( taskID++ );
#endif
            APS_Init( taskID++ );
#if defined ( ZigBee_FRAGMENTATION )
            APSF_Init( taskID++ );
#endif
            ZDApp_Init( taskID++ );
```

```
#if defined ( ZigBee_FREQ_AGILITY ) || defined ( ZigBee_PANID_CONFLICT )
    ZDNwkMgr_Init( taskID++ );
#endif
    SampleApp_Init( taskID ); //用户自己需要添加的任务
}
```

上述代码的最后一行将 SampleApp_Init(taskID)函数添加进来。该函数就是用户自己的任务初始化函数，OSAL 执行到这里会调用这个任务初始化函数，将我们的任务添加到系统中。

OSAL 操作系统的任务和事件概念是分开的，OSAL 轮询到该任务时需要执行该任务中定义好的事件，但是此处我们并没有注册事件，所以需要注册这个任务的事件。在 OSAL_SampleApp.c 中有以下代码：

```
const pTaskEventHandlerFn tasksArr[] = {
    macEventLoop,
    nwk_event_loop,
    Hal_ProcessEvent,
#if defined( MT_TASK )
    MT_ProcessEvent,
#endif
    APS_event_loop,
#if defined ( ZigBee_FRAGMENTATION )
    APSF_ProcessEvent,
#endif
    ZDApp_event_loop,
#if defined ( ZigBee_FREQ_AGILITY ) || \
defined ( ZigBee_PANID_CONFLICT )
    ZDNwkMgr_event_loop,
#endif
    SampleApp_ProcessEvent
};
```

上述代码的最后一行是 SampleApp_ProcessEvent，这是一个函数指针，该函数就是我们上面初始化的任务相对应的事件。

注意：如果要注册多个任务，任务注册函数和事件函数指针必须按顺序一一对应。

任务实施

本任务实现的功能是两个 ZigBee 节点进行点对点通信。在本任务中，ZigBee 节点 1 配置为一个协调器，负责 ZigBee 网络的组建。ZigBee 节点 2 配置为一个终端设备，上电后加入 ZigBee 节点 1 建立的网络，然后发送"LED"给节点 1。ZigBee 节点 1 收到数据后，对接收到的数据进行判断，如果收到的数据是"LED"，则使开发板上的 LED 闪烁。点对点数据传输原理如图 5-7 所示。

视频 5-3

图 5-7　点对点数据传输原理

协调器流程如图 5-8 所示。协调器上电后，会按照编译时给定的参数选择合适的信道和网络号，建立 ZigBee 无线网络。这部分内容读者不需要写代码实现，ZigBee 协议栈已经实现了。

终端设备流程如图 5-9 所示。终端设备上电后会进行硬件电路的初始化，然后搜索是否有 ZigBee 无线网络，如果有 ZigBee 无线网络再自动加入，然后发送数据到协调器，最后使 LED 闪烁。

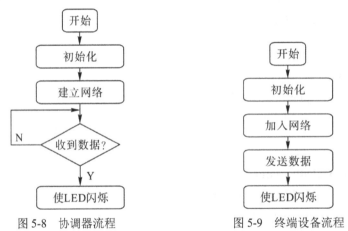

图 5-8　协调器流程　　　　　　　图 5-9　终端设备流程

1. 开发内容

1) 例程的裁剪

首先下载并安装 Z-Stack 协议栈，然后打开 TexasInstruments\ZStack-CC2530-2.5.1a\Projects\zstack\Samples\GenericApp\CC2530DB 下的 IAR 工程文件 GenericApp.eww。该例程对于初学者来说比较复杂，下面对其修改，做成我们自己的第一个 Z-Stack 协议栈程序。

将 GenericApp 工程中的 GenericApp.h 删除。删除方法：右击"GenericApp.h"，在弹出的快捷菜单中选择"Remove"命令即可。按照同样的方法删除 GenericApp.c 文件。

新建三个文件(Coordinator.h、Coordinator.c 和 Enddevice.c)。新建方法：选择 File→New →File 命令，将该文件保存为 Coordinator.h。按照同样的方法新建 Coordinator.c 和 Enddevice.c 文件。

工程添加源文件：右击"App"，在弹出的快捷菜单中选择"Add→Add Flies"命令，选择刚才建立的三个文件(Coordinator.h、Coordinator.c 和 Enddevice.c)即可。

添加完上述文件后，GenericApp 工程文件布局如图 5-10 所示。

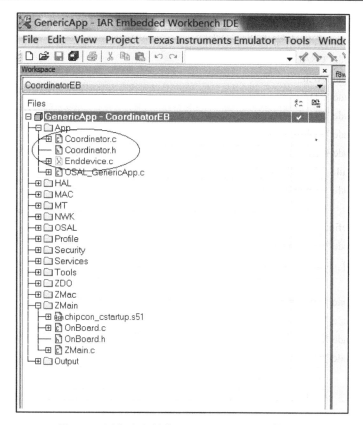

图 5-10　添加完文件的 GenericApp 工程文件布局

在 Coordinator.h 文件中输入以下代码：

```
#ifndef COODINATOR_H
#define COODINATOR_H

#include "ZComDef.h"
#define GENERICAPP_ENDPOINT             10
#define GENERICAPP_PROFID               0x0F04
#define GENERICAPP_DEVICEID             0x0001
#define GENERICAPP_DEVICE_VERSION       0
#define GENERICAPP_FLAGS                0
#define GENERICAPP_MAX_CLUSTERS         1
#define GENERICAPP_CLUSTERID            1

extern void GenericApp_Init( byte task_id );
extern UINT16 GenericApp_ProcessEvent( byte task_id, UINT16 events);

#endif
```

现在的任务是如何实现 ZigBee 网络中的数据收发功能。因此，暂时不对上述代码进行解释，读者可以直接使用上述代码，后面会有相应的代码分析。

2) 协调器编程

在 Coordinator.c 文件中输入以下代码:

```
 1 #include "OSAL.h"
 2 #include "AF.h"
 3 #include "ZDApp.h"
 4 #include "ZDObject.h"
 5 #include "ZDProfile.h"
 6 #include <string.h>
 7 #include "Coordinator.h"
 8 #include "DebugTrace.h"
 9
10 #if !defined(WIN32)
11 #include "OnBoard.h"
12 #endif
13
14 #include "hal_lcd.h"
15 #include "hal_led.h"
16 #include "hal_key.h"
17 #include "hal_uart.h"
18
```

说明: 上述代码中包含的头文件是从 GenericApp.h 文件复制得到的,只需要用#include "Coordinator.h"将#include "GenericApp.h"替换即可,如上述代码中加粗字体部分所示。

以下代码大部分是从 GenericApp.c 文件复制得到的,只是为了演示如何实现点对点通信,因此对 GenericApp.c 文件中的代码进行了裁剪。

```
22 const cId_t GenericApp_ClusterList[GENERICAPP_MAX_CLUSTERS] = {
23     GENERICAPP_CLUSTERID
24 };
```

上述代码中的 GENERICAPP_MAX_CLUSTERS 是在 Coordinator.h 文件中定义的宏,这主要是为了与协议栈中数据的定义格式保持一致。22～24 行代码定义消息簇 ID,AF_DataRequest 函数发送无线数据时会使用到该消息簇 ID,接收端可以根据该消息簇 ID 来做相应的处理。

```
26 const SimpleDescriptionFormat_t GenericApp_SimpleDesc = {
27     GENERICAPP_ENDPOINT,
28     GENERICAPP_PROFID,
29     GENERICAPP_DEVICEID,
30     GENERICAPP_DEVICE_VERSION,
31     GENERICAPP_FLAGS,
32     GENERICAPP_MAX_CLUSTERS,
33     (cId_t *)GenericApp_ClusterList,
34     0,
35     (cId_t *)NULL
36 };;
```

　　上述数据结构可以用来描述一个 ZigBee 设备节点，称为简单设备描述符(此描述符包含很多信息，读者在此可以按照上述格式使用。后面任务都需要用到该结构体，用多了读者自然就会熟悉，在此没有必要机械地记忆该结构体)。

```
38 endPointDesc_t      GenericApp_epDesc;
39 byte               GenericApp_TaskID;
40 byte               GenericApp_TransID;
```

　　38～40 行代码定义了三个变量：节点描述符 GenericApp_epDesc、任务优先级 GenericApp_TaskID 和数据发送序列号 GenericApp_TransID。

```
43 void GenericApp_MessageMSGCB(afIncomingMSGPacket_t *pckt);
44 void GenericApp_SendTheMessage(void);
```

　　43～44 两行代码声明了两个函数，分别是消息处理函数 GenericApp_MessageMSGCB() 和数据发送函数 GenericApp_SendTheMessage()。

```
46 void GenericApp_Init(byte task_id)
47 {
48      GenericApp_TaskID    = task_id;
49      GenericApp_TransID   = 0;
50
51      GenericApp_epDesc.endPoint   = GENERICAPP_ENDPOINT;
52      GenericApp_epDesc.task_id    = &GenericApp_TaskID;
53      GenericApp_epDesc.simpleDesc = (SimpleDescriptionFormat_t *)&GenericApp_
54          SimpleDesc;
55      GenericApp_epDesc.latencyReq = noLatencyReqs;
56
57      afRegister(&GenericApp_epDesc);
58 }
```

　　上述代码是该任务的初始化函数，格式比较固定，可以作为开发应用程序的参考。

　　第 48 行代码初始化了任务优先级(任务优先级由协议栈操作系统 OSAL 分配)。

　　第 49 行代码将发送数据包的序列号初始化为 0，在 ZigBee 协议栈中，每发送一个数据包，该发送序号自动加 1(协议栈中的数据发送函数会自动完成该功能)。因此，在接收端可以通过查看接收数据包的序号来计算丢包率。

　　第 51～55 行代码对节点描述符进行了初始化，上述初始化格式较为固定，一般不需要修改。

　　第 57 行代码使用 afRegister()函数将节点描述符进行注册，只有注册之后才可以使用 OSAL 提供的系统服务。

```
60 UINT16 GenericApp_ProcessEvent( byte task_id, UINT16 events)
61 {
62      afIncomingMSGPacket_t *MSGpkt;
63      if(events & SYS_EVENT_MSG){
64          MSGpkt = (afIncomingMSGPacket_t*)osal_msg_receive(GenericApp_TaskID);
65          while(MSGpkt){
66              switch(MSGpkt->hdr.event){
```

```
67                 case AF_INCOMING_MSG_CMD:
68                     GenericApp_MessageMSGCB(MSGpkt);
69                     break;
70                 default:
71                     break;
72             }
73             osal_msg_deallocate( (uint8*)MSGpkt);
74             MSGpkt = (afIncomingMSGPacket_t*) osal_msg_receive(GenericApp_TaskID);
75         }
76         return (events ^ SYS_EVENT_MSG);
77     }
78     return 0;
79 }
```

上述代码是消息处理函数，该函数的大部分代码是固定的，读者不需要修改，只需要熟悉这种格式即可。唯一需要读者修改的是第 68 行代码，读者可以修改该函数的实现形式，但是其功能基本是完成对接收数据的处理。

第 62 行代码定义了一个指向接收消息结构体的指针 MSGpkt。

第 63～64 行代码首先判断系统状态，系统状态是 SYS_EVENT_MSG(系统消息事件发生)，用 osal_msg_receive()函数来接收系统消息。

第 67～68 行代码，当判断消息头的状态是接收到消息时，就调用自己定义的消息处理函数。

第 73 行代码，接收到的消息处理完成后，需要释放消息所占据的存储空间。因为在协议栈中接收到的消息是存放在堆上的，所以需要调用 osal_msg_dealloocate()函数将其占据的堆内存释放，否则容易引起"内存泄露"。

第 74 行代码，处理完一个消息后，再从消息队列里接收消息，然后对其进行处理，直到所有消息都处理完为止。

```
81 void GenericApp_MessageMSGCB(afIncomingMSGPacket_t *pkt)
82 {
83     unsigned char buffer[4] = "";
84     switch(pkt->clusterId){
85         case GENERICAPP_CLUSTERID:
86             osal_memcpy(buffer, pkt->cmd.Data, 3);
87             if((buffer[0] == 'L') && (buffer[1] == 'E') && (buffer[2] == 'D'        )){
88                 HalLedBlink(HAL_LED_2, 0, 50, 500);
89             }
90             else{
91                 HalLedSet(HAL_LED_2, HAL_LED_MODE_ON);
92             }
93             break;
94         default:
95             break;
96     }
```

97 }

以上为我们自己定义的消息处理函数。首先将接收到的数据复制到 buffer 缓冲区中，判断接收到的数据是否为"LED"三个字符。如果是这三个字符，则执行第 88 行，即 LED2 闪烁；如果不是这三个字符，则点亮 LED2 即可。

注意： 上述代码使用到了 ZigBee 协议栈提供的函数 HalLedBlink()(功能是使某个 LED 闪烁)和 HalLedSet()(功能是设置某个 LED 的状态，如点亮、熄灭、状态翻转等)，这两个函数可直接使用。

3) 终端设备编程

在 Enddevice.c 文件中输入以下代码：

```
 1 #include "OSAL.h"
 2 #include "AF.h"
 3 #include "ZDApp.h"
 4 #include "ZDObject.h"
 5 #include "ZDProfile.h"
 6 #include <string.h>
 7 #include "Coordinator.h"
 8 #include "DebugTrace.h"
 9 #if !defined(WIN32)
10 #include "OnBoard.h"
11 #endif
12 #include "hal_lcd.h"
13 #include "hal_led.h"
14 #include "hal_key.h"
15 #include "hal_uart.h"
```

以上是头文件部分，与协调器代码一致。

```
17 const cId_t GenericApp_ClusterList[GENERICAPP_MAX_CLUSTERS] = {
18      GENERICAPP_CLUSTERID
19 };
20
21 const SimpleDescriptionFormat_t GenericApp_SimpleDesc = {
22      GENERICAPP_ENDPOINT,
23      GENERICAPP_PROFID,
24      GENERICAPP_DEVICEID,
25      GENERICAPP_DEVICE_VERSION,
26      GENERICAPP_FLAGS,
27      0,
28      (cId_t *)NULL,
29      GENERICAPP_MAX_CLUSTERS,
30      (cId_t *)GenericApp_ClusterList
31 };
```

以上代码定义了消息簇 ID 和节点描述结构体，定义方法同协调器代码。需要注意的是第 28 行和第 30 行代码，在 SimpleDescriptionFormat_t 结构体定义中，第 28 行是接收的簇 ID，第 30 行是发送的簇 ID。

```
33 endPointDesc_t          GenericApp_epDesc;
34 byte                    GenericApp_TaskID;
35 byte                    GenericApp_TransID;
36 devStates_t             GenericApp_NwkState;
```

以上代码定义了四个变量，其中前三个变量与协调器中定义的一样，第四个变量是为了方便下面代码中判断该设备状态而定义的。

```
39 void GenericApp_SendTheMessage(void);
40
41 void GenericApp_Init(byte task_id)
42 {
43      GenericApp_TaskID   = task_id;
44      GenericApp_NwkState = DEV_INIT;
45      GenericApp_TransID = 0;
46
47
48      GenericApp_epDesc.endPoint = GENERICAPP_ENDPOINT;
49      GenericApp_epDesc.task_id = &GenericApp_TaskID;
50      GenericApp_epDesc.simpleDesc   = (SimpleDescriptionFormat_t *)&GenericApp_
51                  SimpleDesc;
52                      GenericApp_epDesc.latencyReq = noLatencyReqs;
53
54                      afRegister(&GenericApp_epDesc);
55 }
```

上面代码声明了发送数据函数 GenericApp_SendTheMessage()，并初始化了任务，任务初始化方式同协调器一样。

```
57 UINT16 GenericApp_ProcessEvent(byte task_id, UINT16 events)
58 {
59      afIncomingMSGPacket_t *MSGpkt;
60      if(events & SYS_EVENT_MSG){
61          MSGpkt = (afIncomingMSGPacket_t)
62                      osal_msg_receive(GenericApp_TaskID);
62          while(MSGpkt){
63              switch(MSGpkt->hdr.event){
64                  case ZDO_STATE_CHANGE:
65                      GenericApp_NwkState = (devStates_t)
                                (MSGpkt->hdr.status);
66                      if(GenericApp_NwkState == DEV_END_DEVICE){
67                          GenericApp_SendTheMessage();
68                      }
69                      break;
70                  default:
```

```
71                    break;
72                }
73            osal_msg_deallocate((uint8*)MSGpkt);
74            MSGpkt = (afIncomingMSGPacket_t *)osal_msg_receive(GenericApp_TaskID);
75        }
76        return (events ^ SYS_EVENT_MSG);
77    }
78    return 0;
79 }
```

上述代码是事件处理函数，即消息处理函数。

第 60~61 行代码，当检测到系统状态发生改变时，调用 osal_msg_receive()函数接收系统消息。

第 64~67 行代码，当检测到消息头的状态为 ZDO_STATE_CHANGE 时，说明设备节点的状态发生了改变，即已经注册到了协调器上，成为终端设备。如果设备是终端设备(DEV_END_DEVICE)，则调用消息发送函数。

```
81 void GenericApp_SendTheMessage(void)
82 {
83    unsigned char theMessageData[4] = "LED";
84
85    afAddrType_t my_DstAddr;
86    my_DstAddr.addrMode         = (afAddrMode_t)Addr16Bit;
87    my_DstAddr.endPoint         = GENERICAPP_ENDPOINT;
88    my_DstAddr.addr.shortAddr = 0x0000;
89    AF_DataRequest(&my_DstAddr,
90            &GenericApp_epDesc,
91            GENERICAPP_CLUSTERID,
92            3,
93            theMessageData,
94            &GenericApp_TransID,
95            AF_DISCV_ROUTE,
96            AF_DEFAULT_RADIUS);
97 }
```

上述代码是本任务的关键部分，实现了数据发送。

第 83 行代码定义了一个数组 theMessageData，用于存放发送的数据。

第 85 行代码定义了一个 afAddrType_t 类型的变量 my_DstAddr，因为数据发送函数 AF_DataRequest()的第一个参数就是这种类型的变量。afAddrType_t 类型定义如下：

```
typedef struct
{
    Union
    {
        uint16      shortAddr;
        zLongAddr_t  extAddr;
```

```
        }addr;
            afAddrMode_t        addrMode;
            byte                endPoint;
            uint16              panId;
    }afAddrType_t;
```

该地址格式主要用在数据发送函数中。在 ZigBee 网络中，要想某个节点发送数据，需要从以下两个方面来考虑：

(1) 使用何种地址格式标识该节点的位置。使用一种地址格式来标识该节点，因为每个节点都有自己的网络地址，所以可以使用网络地址来标识该节点。因此，afAddrType_t 结构体中定义了用于标识该节点网络地址的变量 uint16 shortAddr。

(2) 以何种方式向该节点发送数据。向节点发送数据可以采用单播(Unicast)、广播(Broadcast)和组播(Multicast)方式，在发送数据前需要定义好具体采用哪种模式发送。因此，afAddrType_t 结构体中定义了用于标识发送数据方式的变量 afAddrMode_t addrMode。

第 89 行代码调用数据发送函数 AF_DataRequest() 进行无线数据发送。该函数原型如下：

```
    AF_DataRequest(afAddrType_t * dstAddr,
            endPointDesc_t * srcEP,
            uint16 cID,
            uint16 len,
            uint8 * buf,
            uint8 * transID,
            uint8 options,
            uint8 radius)
```

读者在刚开始接触 ZigBee 协议栈时，只关注发送数据的长度和指向要发送数据的缓冲区指针即可(如上述函数中加粗字体部分)。随着对该函数使用次数的增多，相信读者会慢慢熟悉这些参数的具体含义。

最后还需要改动 OSAL_GenericApp.c 文件，将#include "GenericApp.h"注释掉，然后添加#include "Coordinator.h"即可。修改后 OSAL_GenericApp.c 文件如图 5-11 所示。

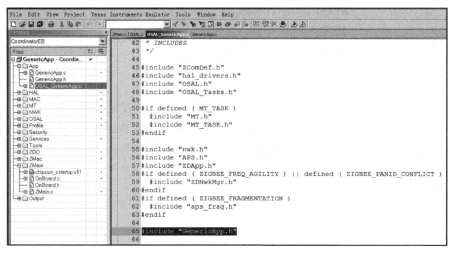

图 5-11　修改后的 OSAL_GenericApp.c 文件

4) 网络配置

本任务使用的设备为协调器和终端设备，终端设备与协调器处于同一个网络中有三个条件：相同的信道、相同的 PAN ID、相同的 PROFILE_ID。接下来分析这三个条件在 Z-Stack 协议栈中需要配置的位置。

视频 5-4

在工程的 Tools 层下有 f8wConfig.cfg 文件，该文件保存了工程对 ZigBee 设备的配置信息。打开 f8wConfig.cfg 文件，其中 ZigBee 信道与 PAN ID 的配置部分如图 5-12 所示，从图中可以看出使用的是 25 信道。编译下载的协调器与终端设备工程时要保证两个工程在此处的配置相同。

```
28// Channels are defined in the following:
29//      0       : 868 MHz     0x00000001
30//      1 - 10 : 915 MHz     0x000007FE
31//      11 - 26 : 2.4 GHz    0x07FFF800
32//
33//-DMAX_CHANNELS_868MHZ      0x00000001
34//-DMAX_CHANNELS_915MHZ      0x000007FE
35//-DMAX_CHANNELS_24GHZ       0x07FFF800
36//-DDEFAULT_CHANLIST=0x04000000  // 26 - 0x1A
37-DDEFAULT_CHANLIST=0x02000000   // 25 - 0x19
38//-DDEFAULT_CHANLIST=0x01000000  // 24 - 0x18
39//-DDEFAULT_CHANLIST=0x00800000  // 23 - 0x17
40//-DDEFAULT_CHANLIST=0x00400000  // 22 - 0x16
41//-DDEFAULT_CHANLIST=0x00200000  // 21 - 0x15
42//-DDEFAULT_CHANLIST=0x00100000  // 20 - 0x14
43//-DDEFAULT_CHANLIST=0x00080000  // 19 - 0x13
44//-DDEFAULT_CHANLIST=0x00040000  // 18 - 0x12
45//-DDEFAULT_CHANLIST=0x00020000  // 17 - 0x11
46//-DDEFAULT_CHANLIST=0x00010000  // 16 - 0x10
47//-DDEFAULT_CHANLIST=0x00008000  // 15 - 0x0F
48//-DDEFAULT_CHANLIST=0x00004000  // 14 - 0x0E
49//-DDEFAULT_CHANLIST=0x00002000  // 13 - 0x0D
50//-DDEFAULT_CHANLIST=0x00001000  // 12 - 0x0C
51//-DDEFAULT_CHANLIST=0x00000800  // 11 - 0x0B
52
53/* Define the default PAN ID.
54 *
55 * Setting this to a value other than 0xFFFF causes
56 * ZDO_COORD to use this value as its PAN ID and
57 * Routers and end devices to join PAN with this ID
58 */
59-DZDAPP_CONFIG_PAN_ID=0x111F
```

图 5-12　ZigBee 信道与 PAN ID 的配置部分

5) 文件编译

(1) 先编译协调器。在"Workspace"下拉菜单中选择"CoordinatorEB"，然后右击"Enddevice.c"文件，在弹出的快捷菜单中选择"Options"命令，在弹出的对话框中选中"Exclude from build"复选框，如图 5-13 所示，即编译 CoordinatorEB 时不编译 Enddevice.c 文件。

此时，Enddevice.c 文件呈灰白显示状态。打开 Tools 文件夹，可以看到 f8wEndev.cfg 和 f8wRouter.cfg 文件也呈灰白显示状态，如图 5-14 所示。文件呈灰白显示状态说明该文件不参与编译，ZigBee 协议栈正是使用这种方式实现了对源文件编译的控制。

(2) 编译终端。按照上述方法，在"Workspace"下拉菜单中选择"EnddeviceEB"，屏蔽 Coordinator.c 文件，编译终端设备程序。

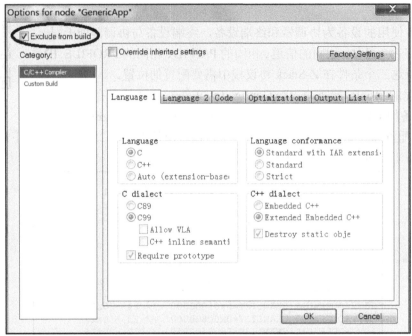

图 5-13　选中 Exclude from build 复选框

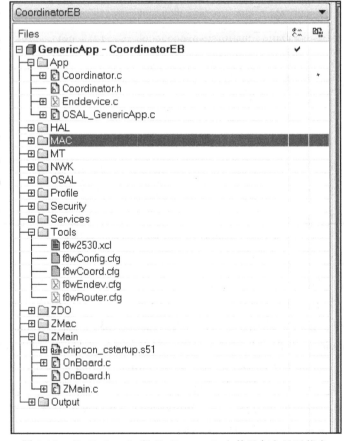

图 5-14　f8wEndev.cfg 和 f8wRouter.cfg 文件呈灰白显示状态

2. 开发步骤

(1) 选择"CoodinatorEB",编译后下载到开发板 1,作为协调器。

(2) 选择"EndDeviceEB",编译后下载到开发板 2,作为终端设备,发送数据给协调器。

(3) 打开协调器电源开关,然后打开终端设备电源开关,几秒后,会发现协调器的 LED 已经闪烁起来了,这说明协调器已经收到了终端设备发送的数据。

3. 程序分析

前面实验实现了 ZigBee 无线网络中点对点的数据传输,但是具体流程并没有讲解。下面对上述实验进行原理上的讨论,目的是使读者明白实验思路。至于代码,读者用多了自然就会熟悉。

1) 数据发送

在 ZigBee 协议栈中发送数据可以通过调用 AF_DataRequest()函数实现,该函数会调用协议栈中与硬件相关的函数,最终将数据通过天线发送出去。该过程涉及对射频模块的操作,如打开发射机、调整发射机的发送功率等内容。这些部分协议栈已经实现了,用户不需自己写代码去实现,只需要掌握 AF_DataRequest()函数的使用方法即可。

```
afStatus_t AF_DataRequest(afAddrType_t *dstAddr,
                          endPointDesc_t *srcEP,
                          uint16 cID,
                          uint16 len,
                          uint8 *buf,
                          uint8 *transID,
                          uint8 options,
                          uint8 radius)
```

下面简要讲解 AF_DataRequestt()函数中各个参数的具体含义。

(1) afAddrType_t *dstAddr:该参数包含目的节点的网络地址及发送数据的格式,如广播、单播或多播等。

(2) endPointDesc_t *srcEP:在 ZigBee 无线网络中,通过网络地址可以找到某个具体的节点,如协调器的网络地址是 0x0000,但是具体到某一个节点上还有不同的端口(endpoint),每个节点最多支持 240 个端口。

(3) uintl6 cID:该参数描述的是命令号,在 ZigBee 协议栈里的命令主要用来标识不同的控制操作,不同的命令号代表了不同的控制命令。例如,节点 1 的端口 1 可以给节点 2 的端口 1 发送控制命令,当该命令的 ID 为 1 时表示点亮 LED,当该命令的 ID 为 0 时表示熄灭 LED。因此,该参数主要是为了区别不同的命令。

如终端设备在发送数据时使用的命令 ID 是 GENERICAPP_CLUSTERID,则该宏定义是在 Coordinator.h 文件中定义的,它的值为 1。

(4) Uintl6 1en:该参数标识发送数据的长度。

(5) uint8 *buf:该参数是指向发送数据缓冲区的指针,发送数据时只需要将所要发送的数据缓冲区的地址传递给该参数即可,数据发送函数会从该地址开始按照指定的数据长度取得发送数据进行发送。

(6) uint8 *transID:该参数是一个指向发送序号的指针,每次发送数据时,发送序号会自动加 1 (协议栈中实现的该功能)。在接收端可以通过发送序号来判断是否丢包，同时可以计算丢包率。

例如，发送了 10 个数据包，数据包的序号为 0~9，在接收端发现序号为 2 和 6 的数据包没有收到，则丢包率计算公式为

$$丢包率 = 丢包个数 / 所发送的数据包的总个数 \times 100\% = 20\%$$

(7) uint8 options 和 uint8 radius：这两个参数取默认值即可，options 参数可以取 AF_DISCV_ROUTE，radius 参数可以取 AF_DEFAULT_RADIUS。

2) 数据接收

终端设备发送数据后，协调器会收到该数据，但是协议栈中是如何得到通过天线接收到的数据的呢？

当协调器接收到数据后，操作系统会将该数据封装成一个消息，然后放入消息队列中。每个消息都有自己的消息 ID，标识接收到新数据的消息的 ID 是 AF_ INCOMING_ MSG_CMD，其中 AF_INCOMING_MSG_CMD 的值是 Ox1A，这是在 ZigBee 协议栈中定义好的，用户不可更改。ZigBee 协议栈中 AF_INCOMING_MSG_ CMD 宏的定义如下(在 Zcomdef.h 文件中定义)：

```
#define   AF_ INCOMING_MSG_CMD     0x1A
```

因此，在协调器代码中有如下代码段：

```
MSGpkt=(afIncomingMSGPacket_t*)osal_msg_receive(GenericApp_TaskID );
    while ( MSGpkt )
      {
          switch ( MSGpkt->hdr.event )
            {
                case AF_INCOMING_MSG_CMD:
                    GenericApp_MessageMSGCB( MSGpkt );
                    break;
                        …
```

首先使用 osal_msg_receive()函数从消息队列中接收一个消息，然后使用 switch-case 语句对消息类型进行判断(判断消息 ID)，如果消息 ID 是 AF_INCOMING_ MSG_CMD，则进行相应的数据处理。

到此为止，读者至少应理清这条线索：当协调器收到数据后，用户只需要从消息队列中接收消息，然后从消息中取得所需要的数据即可，其他工作都由 ZigBee 协议栈自动完成。

3) ZigBee 协议术语

在数据发送函数中，第二个参数的类型是 endPointDesc_t(端口描述符)。既然有网络地址了，为什么还要有指定端口号作为参数呢？什么是端口？什么是节点？端口和节点有什么关系呢？

(1) 节点：一个设备就是一个节点，一个设备有一个无线射频端，具有唯一的 IEEE 地址和网络地址。

(2) 端口：8 位字段，描述一个射频端所支持的不同应用。其中，0x00 为寻址文件配置，0xff 用来寻址所有活动端口，0xf1~0xfe 预留。所以，一个物理 ZigBee 射频端在端点

0x01～0xf0 上共支持 240 个应用，即一个物理信道最多可能有 240 个虚拟信道。

节点与端口的关系如图 5-15 所示。每个节点上的所有端口共用一个发射/接收天线，不同节点上的端口之间可以进行通信。例如，节点 1 的端口 1 可以给节点 2 的端口 1 发送控制命令来点亮 LED，节点 1 的端口 1 也可以给节点 2 的端口 2 发送命令进行数据采集操作，但是节点 2 的端口 1 和端口 2 的网络地址是相同的，仅仅通过网络地址无法区分，所以在发送数据时不但要指定网络地址，还要指定端口号。

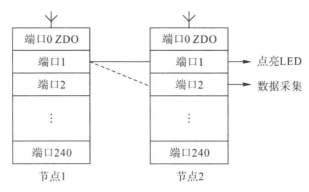

图 5-15　节点与端口的关系

因此，通过上面的论述可以得到如下结论：

① 使用网络地址区分不同的节点。

② 使用端口号区分同一节点上的端口。

注意： 端口的概念与 TCP/IP 编程中端口的概念相似。

(3) 规范(Profile)：在 ZigBee 网络中进行数据收发都是建立在应用规范(Application Profile)基础上的，不同的应用规范规定不同的应用领域，每个应用规范都由一个 ID 来标识。profID 是为了使不同厂商的产品可以相互兼容，这些规范是由 ZigBee 联盟定义的。

(4) 簇(Cluster)：一个 ZigBee 节点会有很多属性，每个属性都有自己的值。一个簇实际上是一些相关命令和属性的集合，这些命令和属性一起被定义为一个应用接口。在整个网络中，每个簇都被分配了一个唯一的簇 ID(clusterID)。簇可简单地理解为设备的子功能数。

(5) Task ID(任务编号)：Task ID 是由 OSAL 负责分配的，即一个事件对应一个唯一的编码。在每一个任务的初始化函数中，必须完成的功能是设置任务 ID。

任务 2　ZigBee 协议栈串口应用

任务目标

掌握 ZigBee 协议栈中串口使用的基本方法。

相关知识

串口是开发板和用户计算机交互的一种工具，正确地使用串口对于 ZigBee 无线网络的学习具有较大的促进作用。使用串口的基本步骤如下：

视频 5-5

(1) 初始化串口，包括设置波特率、中断等。

(2) 向发送缓冲区发送数据或者从接收缓冲区读取数据。

上述方法是使用串口的常用方法，但是由于 ZigBee 协议栈的存在，因此串口的使用略有不同。在 ZigBee 协议栈中已经对串口初始化所需要的函数进行了实现，用户只需要传递几个参数就可以使用串口。此外，ZigBee 协议栈还实现了串口的读取函数和写入函数。

因此，用户在使用串口时只需要掌握 ZigBee 协议栈提供的与串口操作相关的三个函数即可。ZigBee 协议栈中提供的与串口操作相关的三个函数如下：

```
//打开串口
uint8 HalUARTOpen( uint8 port,halUARTCfg_t *config )
uint8 port                 //端口号
halUARTCfg_t *config       //串口信息结构体
//串口写入
uint16 HalUARTWrite( uint8 port, uint8 *buf,uint16 len )
uint8 *buf                 //输出的字符串
uint16 len                 //字符串长度
//串口读取
uint16 HalUARTRead( uint8 port, uint8 *buf,uint16 len )
uint8 *buf                 //读取的字符串缓冲区
uint16 len                 //要读取的长度
```

在此不对上述函数进行原理性介绍，而是通过一个具体的示例展示上述函数的使用方法。

任务实施

1. 开发内容

本任务实现的功能是：协调器建立 ZigBee 无线网络，终端设备自动加入该网络中；然后终端设备周期性地向协调器发送字符串"EndDevice"，协调器收到该字符串后，通过串口将其输出到 PC。本任务的数据传输原理如图 5-16 所示。

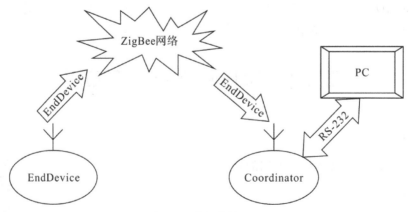

图 5-16　数据传输原理

串口通信协调器程序流程如图 5-17 所示，终端设备程序流程如图 5-18 所示。

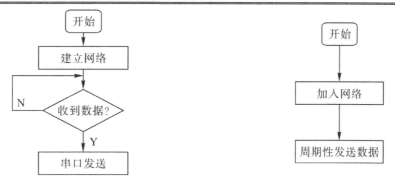

图 5-17　串口通信协调器程序流程　　　　　　　图 5-18　串口通信终端设备程序流程

1) 协调器编程

在 ZigBee 无线传感器网络中有三种设备类型：协调器、路由器和终端设备，设备类型是由 ZigBee 协议栈不同的编译选项来选择的。协调器负责网络的组建、维护、控制终端设备的加入等任务；路由器负责数据包的路由选择；终端设备负责数据的采集，不具备路由功能。

本任务是在前面点对点通信基础上进行的修改，所以代码改动不大，Coordinator.h 文件内容保持不变，只修改 Coordinator.c 文件，修改后的内容如下(新增加的部分以加粗字体显示)：

```
55 void GenericApp_Init(byte task_id)
56 {
57     halUARTCfg_t uartConfig;
58     GenericApp_TaskID              = task_id;
59     GenericApp_NwkState            = DEV_INIT;
60     GenericApp_TransID             = 0;
61
62
63     GenericApp_epDesc.endPoint     = GENERICAPP_ENDPOINT;
64     GenericApp_epDesc.task_id      = &GenericApp_TaskID;
65     GenericApp_epDesc.simpleDesc   =
66         (SimpleDescriptionFormat_t *)&GenericApp_SimpleDesc;
67     GenericApp_epDesc.latencyReq   = noLatencyReqs;
68
69     afRegister(&GenericApp_epDesc);
70
71     uartConfig.configured          = TRUE;
72     uartConfig.baudRate            = HAL_UART_BR_115200;
73     uartConfig.flowControl         = FALSE;
74     uartConfig.callBackFunc        = NULL;
75     HalUARTOpen (HAL_UART_PORT_0, &uartConfig);
76 }
```

在任务初始化函数中添加几行代码(新增加的部分以加粗字体显示)，即第 57 行和 71～75 行。

第 57 行代码声明了一个描述串口的结构体 halUARTCfg_t，该结构体将串口初始化有关的参数集合在了一起，如波特率、是否打开串口、是否使用流控等，用户只需要将各个参数初始化即可。

第 58～69 行代码执行初始化任务并注册设备。

第 71～74 行代码将上面定义的串口参数宏赋值给串口描述结构体。

第 75 行代码在函数 HalUARTOpen()中传入串口描述结构体，并指定要初始化的串口。

注意：在串口配置部分不需要回调函数，所以将其设置为"NULL"即可。

```
57 UINT16 GenericApp_ProcessEvent(byte task_id, UINT16 events)
58 {
59      afIncomingMSGPacket_t *MSGpkt;
60      if(events & SYS_EVENT_MSG){
61          MSGpkt = (afIncomingMSGPacket_t)
                        osal_msg_receive(GenericApp_TaskID);
62          while(MSGpkt){
63              switch(MSGpkt->hdr.event){
64                  case AF_INCOMING_MSG_CMD:
65                      GenericApp_MessageMSGCB( MSGpkt );
66                      break;
67                  default:
68                      break;
69              }
73              osal_msg_deallocate((uint8*)MSGpkt);
74              MSGpkt = (afIncomingMSGPacket_t *)osal_msg_receive(GenericApp_TaskID);
75          }
76          return (events ^ SYS_EVENT_MSG);
77      }
78      return 0;
79 }
```

上述代码是事件处理函数，当协调器收到终端设备发送来的数据后，首先使用 osal_msg_receive()函数从消息队列接收到消息，然后调用 GenericApp_MessageMSGCB()函数对消息进行处理。

```
81 void GenericApp_MessageMSGCB(afIncomingMSGPacket_t *pkt)
82 {
83      unsigned char buffer[10] = "";
84      switch(pkt->clusterId){
85          case GENERICAPP_CLUSTERID:
86              osal_memcpy(buffer, pkt->cmd.Data, 10);
87              HalUARTWrite(0,buffer,10);
88              break;
89      }
90 }
```

上述代码使用 osal_memcpy()函数将接收到的数据复制到 buffer 数组中，然后就可以将该数据通过串口发送给 PC。

2) 终端设备编程

终端设备加入网络后，需要周期性地向协调器发送数据，怎么实现周期性地发送数据呢？这里需要使用到 ZigBee 协议栈中的一个定时函数 osal_start_timerEx()，该函数可以实现毫秒级的定时，定时时间到达后发送数据到协调器，发送完数据后再定时一段时间，定时时间到达后再发送数据到协调器，这样就实现了数据的周期性发送。

osal_start_timerEx()函数原型如下：

```
uint8 osal_start_timerEx( uint8 taskID, uint16 event_id, uint16 timeout_value )
```

在 osal_start_timerEx()函数中有以下三个参数：

uint8 taskID：该参数表明定时时间到达后，哪个任务对其做出响应。

uint16 event_id：该参数是一个事件 ID，定时时间到达后该事件发生，因此需要添加一个新的事件，该事件发生则表明定时时间到达，因此可以在该事件的事件处理函数中实现数据发送。

uintl6 timeout_value：定时时间，由 timeout_value (以毫秒为单位)参数确定。

添加新事件的方法是在 Enddevice.c 文件中添加如下宏定义：

```
#define SEND_DATA_EVENT 0x01
```

这样就添加了一个新事件 SEND_DATA_EVENT，该事件的 ID 是 0x01。

这时，即可使用 osal_start_timerEx()函数设置定时器，如：

```
osal_start_timerEx(GenericApp_TaskID,SEND_MSG_EVT,1000);
```

即定时 1 s 的时间，定时时间到达后，事件 SEND_DATA_EVENT 发生。

接下来添加对该事件的事件处理函数，可以使用如下方法：

```
if ( events & SEND_MSG_EVT )
    {
        GenericApp_SendTheMessage();
        osal_start_timerEx(GenericApp_TaskID, SEND_MSG_EVT,
                        GENERICAPP_SEND_MSG_TIMEOUT );
        return (events ^ SEND_MSG_EVT);
    }
```

如果事件 SEND_DATA_EVENT 发生，则 events & SEND_DATA_EVENT 非零，条件成立则执行 GenericApp_SendTheMessage()函数，向协调器发送数据，发送完数据后再定时 1 s，同时清除 SEND_DATA_EVENT 事件。清除事件的方法如：

```
events ^ SEND_DATA_EVENT
```

定时时间到达后还会继续上述处理，这样就实现了周期性发送数据。

因此，修改 Enddevice.c 文件中的事件处理函数如下：

```
UINT16 GenericApp_ProcessEvent( byte task_id, UINT16 events )
{
    afIncomingMSGPacket_t *MSGpkt;
    if ( events & SYS_EVENT_MSG )
    {
        MSGpkt = (afIncomingMSGPacket_t *)osal_msg_receive( GenericApp_TaskID );
```

```
            while ( MSGpkt )
            {
                switch ( MSGpkt->hdr.event )
                {
                    case ZDO_STATE_CHANGE:     //ZDO 状态改变消息
                        GenericApp_NwkState = (devStates_t)(MSGpkt->hdr.status);
                        if((GenericApp_NwkState == DEV_END_DEVICE))
                        {
                            //开始定时发送消息
                            osal_start_timerEx(GenericApp_TaskID, SEND_MSG_EVT,SEND_MSG_
                             TIMEOUT );
                        }
                     break;
                    default:
                    break;
                }
            osal_msg_deallocate( (uint8 *)MSGpkt );   //释放内存
            //Next
            MSGpkt = (afIncomingMSGPacket_t *)osal_msg_receive( GenericApp_TaskID );
            }
        }
        //发送消息定时器事件
        //第一次的定时器事件是在上面的 ZDO_STATE_CHANGE 事件中设置的
    if ( events & SEND_MSG_EVT )
    {
        //发送消息给另一个设备
        GenericApp_SendTheMessage();
        //设置定时器，用于再次发送
        osal_start_timerEx(GenericApp_TaskID, SEND_MSG_EVT,SEND_MSG_
         TIMEOUT);
        //返回未处理的事件
        return (events ^SEND_MSG_EVT);
    }
        return 0; //丢弃未定义的事件
    }
```

说明: 当终端设备加入网络后,使用 osal_start_timerEx()函数设置 SEND_DATA_EVENT 事件,事件发生后,执行事件处理函数,即调用数据发送函数 GenericApp_SendTheMessage() 向协调器发送数据, 定时 1 s。GenericApp_SendTheMessage()函数如下:

```
    void GenericApp_SendTheMessage(void)
    {
        char theMessageData[] = "EndDevice";
        afAddrType_t GenericApp_DstAddr;                        //目标地址
        GenericApp_DstAddr.addrMode = (afAddrMode_t)Addr16Bit;   //目标地址设置模式
```

```
GenericApp_DstAddr.endPoint = GENERICAPP_ENDPOINT;        //目的端口号
GenericApp_DstAddr.addr.shortAddr = 0x0000;               //协调器网络地址

AF_DataRequest( &GenericApp_DstAddr,                      //目标地址
                &GenericApp_epDesc,                       //源端点描述符
                GENERICAPP_CLUSTERID,                     //簇 ID
                (byte)osal_strlen( theMessageData ) + 1,  //数据长度
                (byte *)&theMessageData,                  //发送的数据
                &GenericApp_TransID,                      //会话 ID
                AF_DISCV_ROUTE, AF_DEFAULT_RADIUS ) ;
}
```

说明： 在数据发送函数中，发送"EndDevice"到协调器，因为协调器的网络地址是 0x0000，所以直接调用数据发送函数 AF_DataRequest()即可。该函数的参数中需要确定发送的目的地址、发送模式(单播、广播还是多播)以及目的端口号信息。

注意： osal_srtlen()函数返回字符串的实际长度，但是发送数据时，需要将字符串的结尾字符一起发送，所以需要将该返回值加 1，然后才是实际需要发送的字符数目，即 osal_strlen("EndDevice")+1。

注意： 使用串口时需要预编译，可以在 option→C/C++Compiler 的 Preprocessor 中加入，如图 5-19 所示，图中的 ZTOOL_P1 代表串口 0。若用串口 1，则定义为 ZTOOL_P2。

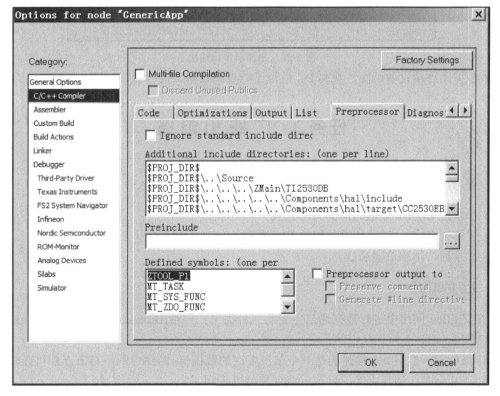

图 5-19　串口预编译

2. 开发步骤

(1) 选择 CoodinatorEB，编译后下载到开发板 1，作为协调器，通过 USB 线与 PC 连接。

(2) 选择 EndDeviceEB，编译后下载到开发板 2，作为终端设备，发送数据给协调器。

(3) 先给协调器上电，再给终端设备上电。打开串口调试助手，波特率设为 115 200 b/s，协调器间隔 5 s 会收到终端设备发过来的数据，串口输出如图 5-20 所示。

图 5-20　协调器串口输出

(4) 关闭终端设备电源，观察 PC 是否还能收到数据，自行验证一下。

任务 3　广 播 和 单 播

任务目标

(1) 掌握 ZigBee 数据通信的三种方式。

(2) 掌握 ZigBee 网络数据传输的基本原理。

(3) 掌握广播和单播通信。

相关知识

在 ZigBee 网络中进行数据通信主要有三种类型：广播(Broadcast)、单播 (Unicast) 和组播(Multicast)。

广播如图 5-21 所示，描述的是一个节点发送的数据包，网络中的所有节点都可以收到。这类似于开会时，领导讲话，每个与会者都可以听到。

单播如图 5-22 所示，描述的是网络中两个节点之间进行数据包的收发过程。这类似于任意两个与会者之间进行的讨论。

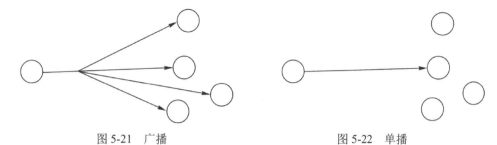

图 5-21 广播   图 5-22 单播

组播如图 5-23 所示，又称为多播，描述的是一个节点发送的数据包，只有和该节点属于同一组的节点才能收到该数据包。这类似于领导讲完后，各小组进行讨论，只有本小组的成员才能听到相关的讨论内容，不属于该小组的成员不需要听取该组讨论的相关内容。

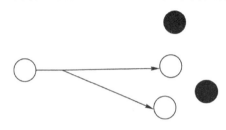

图 5-23 组播

在点对点通信中已经实现了点播的通信方式，终端设备以点播的形式发送数据给协调器。其实现的部分代码在 GenericApp_SendTheMessage()函数中，如下所示：

```
afAddrType_t  my_DstAddr;                                //当前节点的信息
my_DstAddr.addrMode = (afAddrMode_t)Addr16Bit;           //点播
my_DstAddr.endPoint = GENERICAPP_ENDPOINT;               //设置端口号
my_DstAddr.addr.shortAddr   = 0x0000;                    //协调器地址
```

以上代码在前面已经进行了简单介绍。如果要使用广播，只需要将 addrMode 参数设置为 AddrBroadcast 即可。

afAddrMode_t 类型的定义如下：

```
typedef enum
{
    afAddrNotPresent   = AddrNotPresent,
    afAddr16Bit        = Addr16Bit,
    afAddr64Bit        = Addr64Bit,
    afAddrGroup        = AddrGroup,
    afAddrBroadcast    = AddrBroadcast
} afAddrMode_t;
```

以上五种模式中，AddrNotPresent 模式在发送节点不知道确切的目的地址时使用。使用此方式发送时，设备在发送的模式和地址表中查找匹配的地址，有多少个匹配的地址就发送给多少个设备。

Addr16Bit 是使用 16bit 的网络地址发送数据，Addr64Bit 是使用 64bit 的 IEEE 地址发送数据。之所以能使用这两种模式，是因为在 ZigBee 网络中 FFD 设备会保存一个 16bit 短地址和 64bit IEEE 地址的映射表。这里选用什么方式发送数据，设备就会使用自己当前的地址(16bit 网络地址或 64bit IEEE 地址)组合数据包发送无线数据。这样的数据可以很好地被 FFD 设备路由转发。

AddrGroup 模式是使用组播方式发送数据。

AddrBroadcast 模式在广播时使用，一般情况下协调器使用的较多。协调器向该网络中所有的子节点广播数据包时不需要遍历地址映射表。

下面简单介绍广播的使用方法。广播的使用方法和点播的使用方法一样，只需要将 Addr16Bit 修改为 AddrBroadcast，然后对无线发送的目的地 my_DstAddr.addr.shortAddr 赋值即可。这里需要说明的是，ZigBee 网络中的广播地址有三个，分别为 0xFFFF、0xFFFD 和 0xFFFC，其中 0xFFFF 表示广播的数据发送给 ZigBee 网络中所有设备，包括休眠的设备，如果有设备休眠，发送设备将会随机延时等待再次发送，直到所有的节点接收到无线数据包为止；0xFFFD 表示广播的数据发送给没有休眠的所有设备；0xFFFC 表示广播的数据发送给所有的 FFD 设备。

任务实施

1. 开发内容

本任务功能：协调器周期性地以广播形式向终端设备发送数据(每隔 5 s 广播一次)，加入其网络的终端设备都会收到数据。终端设备收到数据后，分别单播给协调器，向协调器发送字符串"I am endpoint device1!"。协调器收到终端设备发回的数据后，通过串口输出到 PC。这次任务需要一个协调器和三个终端设备。

广播和单播的通信原理如图 5-24 所示。

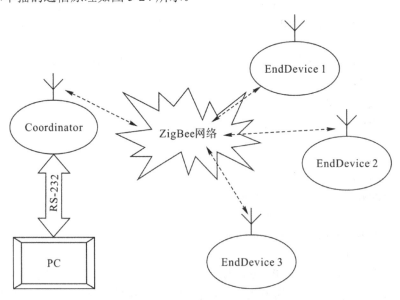

图 5-24　广播和单播的通信原理

广播和单播通信协调器程序流程如图 5-25 所示。广播和单播通信终端设备程序流程如图 5-26 所示。

协调器周期性地以广播形式向终端设备发送数据，该过程是如何实现的呢？这里需要用到定时函数 osal_start_timerEx()，定时 5 s，定时时间到达后，向终端设备发送数据，发送完数据再定时 5 s，这样就实现了周期性地发送数据。

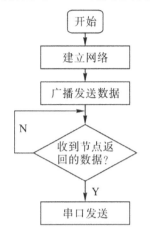

图 5-25　广播和单播通信协调器程序流程

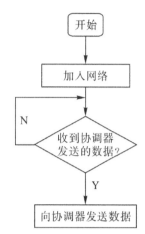

图 5-26　广播和单播通信终端设备程序流程

1) 协调器程序设计

修改 Coordinator.c 文件内容，本任务仍然在点对点通信工程的基础上进行改动。在 Coordinator.c 文件中添加如下宏定义：

```
#define SEND_TO_ALL_EVENT 0x01
```

这样就添加了一个新事件 SEND_TO_ALL_EVENT，该事件的 ID 是 0x01。

这时，即可使用 osal_start_timerEx()函数设置定时器，如：

```
osal_start_timerEx(GenericApp_TaskID,SEND_MSG_EVT,1000);
```

即定时 1 s 的时间，定时时间到达后，事件 SEND_DATA_EVENT 发生。

在 Coordinator.c 文件中定义一个全局变量，用于存储网络状态，如下：

```
devastates_t GenericApp_NwkState;    //存储网络状态的变量
```

在 Coordinator.c 文件中搜索 GenericApp_ProcessEvent()函数，该函数代码如下：

```
uint16 GenericApp_ProcessEvent( uint8 task_id, uint16 events )
{
  afIncomingMSGPacket_t *MSGpkt;
  (void)task_id;
  if ( events & SYS_EVENT_MSG )
  {
    MSGpkt = (afIncomingMSGPacket_t *)
osal_msg_receive( GenericApp_TaskID );
    while ( MSGpkt )
    {
      switch ( MSGpkt->hdr.event )
      {
        //收到消息事件
        case AF_INCOMING_MSG_CMD:
          GenericApp_MessageMSGCB( MSGpkt );
```

```
        break;
    //网络状态发生变化事件
    case ZDO_STATE_CHANGE:
        GenericApp_NwkState = (devStates_t)(MSGpkt->hdr.status);
        if ((GenericApp_NwkState == DEV_ZB_COORD))
        {
            //启动定时器，周期性启动一个事件，该事件用来发送数据
            osal_start_timerEx(GenericApp_TaskID, SEND_TO_ALL_EVENT, 5000);
        }
        break;
    default:
        break;
    }
    //释放内存
    osal_msg_deallocate( (uint8 *)MSGpkt );
    //接收下一个消息
    MSGpkt = (afIncomingMSGPacket_t *)
osal_msg_receive( GenericApp_TaskID );
    }
    //返回未处理事件
    return (events ^ SYS_EVENT_MSG);
}
//处理自定义的周期性事件
if ( events & SEND_TO_ALL_EVENT)
{
    //发送消息函数
    GenericApp_SendTheMessage();
    //再次启动定时器
    osal_start_timerEx( GenericApp_TaskID,
                        SEND_TO_ALL_EVENT,
                        GENERICAPP_SEND_MSG_TIMEOUT );
    //返回未处理的事件
    return (events ^ SEND_TO_ALL_EVENT);
}
//丢弃未知事件
return 0;
}
```

上述代码分析如下：

(1) 当网络状态发生变化时，触发 case　ZDO_STATE_CHANGE 事件，启动定时器定时 5 s，定时时间到达后，设置 SEND_TO_ALL_EVENT 事件。代码如下：

```
//网络状态发生变化事件
case   ZDO_STATE_CHANGE:
            GenericApp_NwkState = (devStates_t)(MSGpkt->hdr.status);
```

```
                if ((GenericApp_NwkState == DEV_ZB_COORD))
                { //启动定时器，周期性启动一个事件，该事件用来发送数据
                    osal_start_timerEx(GenericApp_TaskID, SEND_TO_ALL_EVENT, 5000);
                }
                break;
```

(2) 当收到终端设备发回的数据后，触发 case AF_INCOMING_MSG_CMD 事件，调用用户自定义的消息处理函数 GenericApp_MessageMSGCB(MSGpkt)，读取该数据，然后发送到串口输出。GenericApp-MessageMSGCB(afIncomingMSGPacket.t*pkt)函数实现代码如下：

```
        void GenericApp_MessageMSGCB( afIncomingMSGPacket_t *pkt )
        {
        char buf[20];
            switch ( pkt->clusterId )
            {
                case GENERICAPP_CLUSTERID:
                    osal_memcpy(buf,pkt->cmd.Data,20);
                    HalUARTWrite(0, buf, 20);          //接收到的消息串口输出
                    HalUARTWrite(0, "\n", 1);          //回车换行
                break;
            }
        }
```

(3) 在 SEND_TO_ALL_EVENT 事件处理函数中，调用发送数据函数 GenericApp_SendTheMessage()，发送完数据后，再次启动定时器，定时 5 s……GenericApp_SendTheMessage() 函数实现代码如下：

```
        void GenericApp_SendPeriodicMessage( void ) //周期广播发送函数
        {
        uint8 *pdata = "Coordinator send!";
        afAddrType_t   my_DstAddr;
        my_DstAddr.addrMode = (afAddrMode_t)AddrBroadcast;
        my_DstAddr.endPoint = GENERICAPP_ENDPOINT;
        my_DstAddr.addr.shortAddr = 0XFFFF;
        if ( AF_DataRequest( &GenericApp_Periodic_DstAddr,
                            &GenericApp_epDesc,
                            GENERICAPP_PERIODIC_CLUSTERID,
                            strlen(pdata),
                            pdata,
                            &GenericApp_TransID,
                            AF_DISCV_ROUTE,
                            AF_DEFAULT_RADIUS ) == afStatus_SUCCESS )
        }
```

上述代码实现了使用广播方式发送数据。注意，此时发送模式是广播，如下：

```
        my_DstAddr.addrMode = (afAddrMode_t)AddrBroadcast;
```

相应的网络地址可以设为 0xFFFF，如下：

```
my_DstAddr.addr.shortAddr = 0XFFFF;
```

注意： 使用广播通信时，网络地址可以有三种 0xFFFF、0xFFFD、0xFFFC。其中，0xFFFF 表示该数据包将在全网广播，包括处于休眠状态的节点；0xFFFD 表示该数据包将只发往所有未处于休眠状态的节点；0xFFFC 表示该数据包发往网络中的所有路由器节点。

2) 终端设备程序设计

在 EndDevice.c 文件中搜索事件处理函数 GenericApp_ProcessEvent()，找到如下代码：

```
case AF_INCOMING_MSG_CMD:
        GenericApp_MessageMSGCB(MSGpkt);
    break;
```

其中 GenericApp_MessageMSGCB(MSGpkt)就是接收处理函数。如果接收到协调器发送来的数据，则调用 GenericApp_MessageMSGCB() 函数对接收到的数据进行处理。GenericApp_MessageMSGCB()函数代码如下：

```
void GenericApp_MessageMSGCB( afIncomingMSGPacket_t *pkt )
{
    switch ( pkt->clusterId )
    {
        char * recvbuf;
        case GENERICAPP_CLUSTERID:
            osal_memcpy(recvbuf,pkt->cmd.Data,osal_strlen("Coordinator send!")+1);
            if(osal_memcmp(recvbuf, "Coordinator send!", osal_strlen("Coordinator send!")+1))
                GenericApp_SendTheMessage();
            break;
    }
}
```

上述代码是对接收到的数据进行处理，当正确接收到协调器发送的字符串"Coordinator send!"时，调用 GenericApp_SendTheMessage()函数发送返回消息。

注意： osal_memcmp()函数用于比较两个内存单元中的数据是否相等，如果相等则返回 TRUE。GenericApp_SendTheMessage()函数代码如下：

```
void GenericApp_SendTheMessage( void )
{
unsigned   char   *pdata = " I am endpoint device1!";
afAddrType_t   my_DstAddr;
my_DstAddr.addrMode = (afAddrMode_t)Addr16Bit;
my_DstAddr.endPoint = GENERICAPP_ENDPOINT;
my_DstAddr.addr.shortAddr = 0x0000;
AF_DataRequest( &GenericApp_Periodic_DstAddr, &GenericApp_epDesc,
                GENERICAPP_PERIODIC_CLUSTERID,
                osal_strlen(pdata)+1,
                pdata,
                &GenericApp_TransID,
```

```
            AF_DISCV_ROUTE,
            AF_DEFAULT_RADIUS );
        HalLedSet(HAL_LED_2,HAL_LED_MODE_TOGGLE);
    }
```

上述代码实现向协调器发送单播数据，注意加粗字体部分的代码实现的是单播通信。

注意： HalLedSet()函数可以设置 LED 的状态进行翻转。

2. 开发步骤

(1) 选择"CoodinatorEB"，编译后下载到开发板 1，作为协调器，通过 USB 线与 PC 连接。

(2) 选择"EndDeviceEB"，编译后下载到开发板 2，作为终端设备 1，发送数据给协调器。修改终端设备发送的数据，改为"I am endpoint device2!"和"I am endpoint device3!"，编译后分别下载到另外两个开发板中，作为终端设备 2 和 3，发送数据给协调器。

(3) 先给协调器上电，再给三个终端设备上电。打开串口调试助手，波特率设置为 115 200 b/s，协调器间隔 5 s 会收到三个终端设备发过来的数据。协调器串口输出如图 5-27 所示。

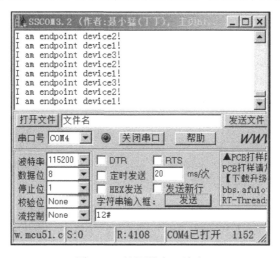

图 5-27　协调器串口输出

任务 4　组播通信——多终端控制协调器 LED

任务目标

(1) 掌握组播通信。

(2) 掌握按键操作。

相关知识

本任务实现组播通信，各节点之间以组播方式发送数据，只有同组的节点可以接收和发送数据。组播通信原理如图 5-28 所示。

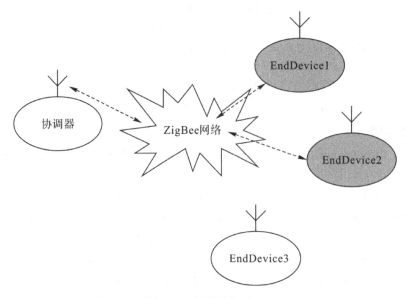

图 5-28　组播通信原理

　　本任务实现的具体功能是：一个节点作为协调器，另外两个节点作为终端。按终端 S1 键时，协调器 LED2 状态改变，同时终端自身的 LED2 状态也改变，提示发送成功。修改其中一个终端的组编号，编译下载后，按此终端 S1 键时，观察协调器 LED2 状态是否会改变。组播通信协调器程序流程如图 5-29 所示。组播通信终端程序流程如图 5-30 所示。

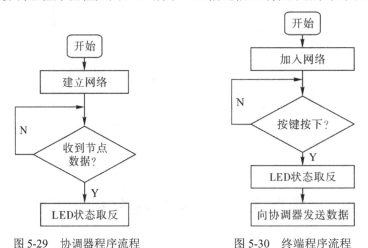

图 5-29　协调器程序流程　　　　　　图 5-30　终端程序流程

　　使用组播方式发送数据时，需要将节点加入特定的组中。因此，现在需要解决的问题是：如何表示一个组？如何使节点加入该组中？

　　在 apsgroups.h 文件中有 aps_Group_t 结构体的定义，如下所示：

```
#define   APS_GROUP_NAME_LEN        16
typedef struct
{
    uint16 ID;
    uint8   name[APS_GROUP_NAME_LEN];
```

```
} aps_Group_t;
```

每个组有一个特定的 ID，然后是组名，组名存放在 name 数组中。

注意：name 数组的第一个元素是组名的长度，从第二个元素开始存放真正的组名字符串。

在程序中可以使用如下方法定义一个组：

```
1   aps_Group_t    SampleApp_Group;
2   SampleApp_Group.ID = 0x0001;
3   SampleApp_Group.name[0] = 7;
4   osal_memcpy( &( SampleApp_Group.name[1] ), "Group 1", 7 );
5   aps_AddGroup(SAMPLEAPP_ENDPOINT, &SampleApp_Group );
```

第 1 行代码定义了一个 aps_Group_t 类型的变量 SampleApp _Group。

第 2 行代码将组 ID 初始化为 0x0001。

第 3 行代码将组名的长度写入 name 数组的第 1 个元素位置处。

第 4 行代码使用 osal_memcpy()函数将组名"Group 1"复制到 name 数组中，从第 2 个元素位置处开始存放组名。

第 5 行代码使用 aps_AddGroup()函数使该端口加到组中。

其中，aps_AddGroup()函数原型如下：

```
aps_AddGroup(uint8    endpoint, aps_Group_t    *group );
```

这些内容协议栈已经实现，打开 SampleApp.c 文件，搜索 SampleApp_Group，可以找到组定义，如图 5-31 所示。

图 5-31　组定义

任务实施

1. 开发内容

此任务是基于 TI 的 SampleApp 修改的，由于 SampleApp 本身就有组播代码，因此只需修改小部分代码即可实现需要的功能。这里主要修改 SampleApp.c 文件，修改步骤如下：

(1) 打 开 C:\Texas Instruments\ZStack-CC2530-2.5.1a\Projects\zstack\Samples\SampleApp\CC2530DB\SampleApp.eww 工程。

(2) 在全局变量区定义一个全局变量，用来保存当前 LED 的状态。

```
uint8 LedState = 0; //保存当前 LED 的状态
```

（3）在事件处理函数 SampleApp_ProcessEvent()中找到网络状态改变事件，因为此任务没有周期性事件，所以注释掉 osal_start_timerEx 这行代码。修改后的代码如下：

```
case ZDO_STATE_CHANGE:            //当网络状态改变时触发此事件
        SampleApp_NwkState = (devStates_t)(MSGpkt->hdr.status);
        if ( (SampleApp_NwkState == DEV_ZB_COORD)
            || (SampleApp_NwkState == DEV_ROUTER)
            || (SampleApp_NwkState == DEV_END_DEVICE))
        {
            //osal_start_timerEx( SampleApp_TaskID,
            //                    SAMPLEAPP_SEND_PERIODIC_MSG_EVT,
            //                    SAMPLEAPP_SEND_PERIODIC_MSG_TIMEOUT );
        }
```

（4）在 SampleApp_ProcessEvent()函数中找到按键事件，添加按键代码，如下面代码中的加粗部分：

```
        //按键按下
        case KEY_CHANGE:
        SampleApp_HandleKeys( ((keyChange_t *)MSGpkt)->state,
        ((keyChange_t *)MSGpkt)->keys );
        break;
        case AF_INCOMING_MSG_CMD:
        SampleApp_MessageMSGCB( MSGpkt );
        break;
```

（5）找到按键处理函数 SampleApp_HandleKeys()，修改程序如下：

```
    void SampleApp_HandleKeys( uint8 shift, uint8 keys )
    {
        (void)shift;
        if ( keys & HAL_KEY_SW_6 )              //判断 S1 按键是否被按下
        {
            #if defined(ZDO_COORDINATOR)        //协调器只接收数据
            #else                               //路由器和终端才发送数据
                SampleApp_SendFlashMessage(0);  //以组播方式发送数据
            #endif
        }
        if ( keys & HAL_KEY_SW_1 )              //判断 S2 按键是否被按下
        {
        aps_Group_t *grp;
        //查找 SAMPLEAPP_ENDPOINT 端点是否加入了以 SAMPLEAPP_FLASH_GROUP 为组 ID
        //的组
        grp = aps_FindGroup( SAMPLEAPP_ENDPOINT, SAMPLEAPP_FLASH_GROUP );
        if ( grp )
        {
```

```
      //退出组
      aps_RemoveGroup( SAMPLEAPP_ENDPOINT, SAMPLEAPP_FLASH_GROUP );
    }
    else
    {
      //加入组
      aps_AddGroup( SAMPLEAPP_ENDPOINT, &SampleApp_Group );
    }
  }
}
```

(6) 接收数据。找到 SampleApp_MessageMSGCB()函数，修改如下：

```
void SampleApp_MessageMSGCB( afIncomingMSGPacket_t *pkt) //接收数据
{
  uint8 data;
  switch ( pkt->clusterId )
  {
    case SAMPLEAPP_PERIODIC_CLUSTERID:
      break;
    case SAMPLEAPP_FLASH_CLUSTERID:
      data = (uint8)pkt->cmd.Data[0];     //根据接收到的数据改变 Led2 的亮灭
      if(data == 0)
      HalLedSet(HAL_LED_2, HAL_LED_MODE_OFF);
      else
      HalLedSet(HAL_LED_2, HAL_LED_MODE_ON); break;
  }
}
```

(7) 组播发送数据。找到 SampleApp_SendFlashMessage()函数，修改如下：

```
void SampleApp_SendFlashMessage( uint16 flashTime )
{
  LedState =  ~LedState;
  if ( AF_DataRequest( &SampleApp_Flash_DstAddr, &SampleApp_epDesc,
                       SAMPLEAPP_FLASH_CLUSTERID,
                       1,
                       &LedState,
                       &SampleApp_TransID,
                       AF_DISCV_ROUTE,
                       AF_DEFAULT_RADIUS ) == afStatus_SUCCESS )
  {
    if(LedState == 0)
      HalLedSet(HAL_LED_2, HAL_LED_MODE_ON);
    else
      HalLedSet(HAL_LED_2, HAL_LED_MODE_OFF);
  }
```

```
        else
        {
        }
    }
```

(8) 由于本任务使用的开发板与 Z-Stack 兼容的官方评估板在按键电路上不相同，因此这里不需要 JoyStick(摇杆)功能的代码。打开 HAL→Target→Drivers→hal_key.c 文件，找到 HalKeyPoll()函数，修改如下：

```
    void HalKeyPoll (void)
    {
        uint8 keys = 0;
        if (!HAL_PUSH_BUTTON2())          //S2 按键
        {
            keys |= HAL_KEY_SW_1;
        }
        if (!HAL_PUSH_BUTTON1())          //S1 按键
        {
            keys |= HAL_KEY_SW_6;
        }
        if (!Hal_KeyIntEnable)
        {
            if (keys == halKeySavedKeys)
            {
                return;
            }
            halKeySavedKeys = keys;
        }
        else
        {
        }
        if (keys && (pHalKeyProcessFunction))
        {
            (pHalKeyProcessFunction) (keys, HAL_KEY_STATE_NORMAL);
        }
    }
```

2. 开发步骤

(1) 编译程序并下载到四个节点中，一个作为协调器设备，另外三个作为终端设备。

(2) 在终端设备上按下 S1 按键，发送组播数据，成功则终端设备 LED2 翻转，协调器收到数据后协调器的 LED2 同时翻转。

(3) 按下协调器的 S2 按键，退出组，则在终端设备上再按下 S1 按键，协调器收不到数据，设备 LED2 不变化。

注意： 协调器发送组播信息时，终端设备收不到组播的数据，只有路由器能收到。这是因为协议栈规范中规定，睡眠中断不接收组播信息，如果一定要接收，则只能将终端的接收机一直打开，具体做法如下：

将 f8config.cfg 配置文件中下面这行代码：

　　　　-RFD_RCVC_ALWAYS_ON=FALSE

改为

　　　　-RFD_RCVC_ALWAYS_ON=TRUE

任务 5　无线温湿度采集

任务目标

(1) 掌握温湿度传感器的使用。

(2) 掌握温湿度传感器 DHT11 驱动移植方法。

相关知识

视频 5-6

本任务功能：终端节点采集温湿度传感器 DHT11 的数据，无线传输给协调器；协调器收到数据后，通过串口调试助手发送给 PC 显示。

在项目四中已实现了驱动温湿度传感器 DHT11，本任务就是把 DHT11 移植到协议栈 Z-Stack 上。打开 Texas Instruments\ZStack-CC2530-2.5.1a\Projects\zstack\Samples\GenericApp \CC2530DB 下的 IAR 工程文件 SampleApp.eww。

(1) 移植 DHT11 驱动模块。将 DHT11 驱动模块 DHT11.c 和 DHT11.h 文件复制到 SampleApp\Source 文件夹下，如图 5-32 所示。

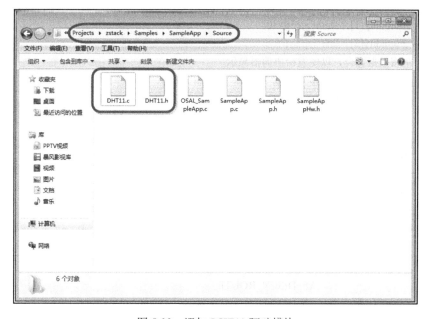

图 5-32　添加 DHT11 驱动模块

(2) 在工程中添加文件。在协议栈的 APP 目录树下右击,在弹出的快捷菜单中选择 Add 命令,添加 DHT11.c 和 DHT11.h 文件。

(3) 包含头文件。在 SampleApp.c 文件中包含 DHT11.h 头文件,如下:

```
#include "DHT11.h"
```

(4) 在 SampleApp_Init()函数中初始化 DHT11 引脚,如图 5-33 所示。

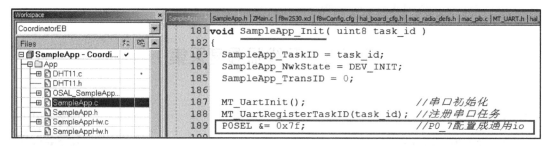

图 5-33　初始化 DHT11 引脚

(5) 发送数据。读取温度数据并无线发送给协调器(这个是重点,只要看懂此段代码就会使用 DHT11 了),发送数据函数 SampleApp_Send_P2P_Message()代码如下:

```
void SampleApp_Send_P2P_Message( void )
{
    byte i, temp[3], humidity[3], strTemp[7];
    DHT11();                    //获取温湿度
    //将温湿度转换成字符串
    temp[0] = wendu_shi+0x30;
    temp[1] = wendu_ge+0x30;
    temp[2] = '\0';
    humidity[0] = shidu_shi+0x30;
    humidity[1] = shidu_ge+0x30;
    humidity[2] = '\0';
    //将数据整合,以便发给协调器显示
    osal_memcpy(strTemp, temp, 2);
    osal_memcpy(&strTemp[2], "   ", 2);
    osal_memcpy(&strTemp[4], humidity, 3);
    //获得的温湿度通过串口输出到 PC 显示
    HalUARTWrite(0, "T&H:", 4);
    HalUARTWrite(0, strTemp, 6);
    HalUARTWrite(0, "\n",1);
    if(AF_DataRequest(&SampleApp_P2P_DstAddr,&SampleApp_epDesc,
                SAMPLEAPP_P2P_CLUSTERID,
                6, strTemp,
                &SampleApp_TransID,
                AF_DISCV_ROUTE,
                AF_DEFAULT_RADIUS) == afStatus_SUCCESS)
    { } else
```

```
        {
        }
    }
```

(6) 接收数据。协调器收到数据后，调用 SampleApp_MessageMSGCB()函数处理消息，该函数通过串口显示温湿度数据，代码如下：

```
void SampleApp_MessageMSGCB( afIncomingMSGPacket_t *pkt )
{
    uint16 flashTime;
    switch ( pkt->clusterId ) {
        case SAMPLEAPP_P2P_CLUSTERID:
            HalUARTWrite(0, "T&H:", 4); //提示接收到数据
            //输出接收到的数据
            HalUARTWrite(0, pkt->cmd.Data,pkt->cmd.DataLength);
            HalUARTWrite(0, "\n", 1);   //回车换行
        break;
        case SAMPLEAPP_PERIODIC_CLUSTERID:
            break;
    }
}
```

(7) DH11.c 文件还需要修改一个地方。打开文件，将原来的延时函数改为协议栈自带的延时函数，保证时序的正确性，同时要包含 #include "OnBoard.h"，如图 5-34 所示。

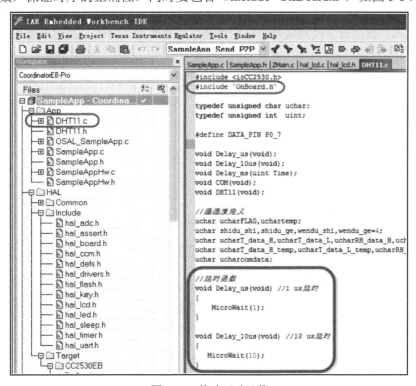

图 5-34　修改延时函数

任务实施

(1) 选择"CoodinatorEB"，编译下载到开发板 1，作为协调器，通过 USB 线与 PC 连接。

(2) 选择"EndDeviceEB"，编译下载到开发板 2，作为终端设备，连接 DHT11，无线发送数据给协调器。终端设备连接温湿度传感器 DHT11，DHT11 与 CC2530 的连接如图 5-35 所示。

图 5-35　DHT11 与 CC2530 的连接

注意：DHT11 连接一定要正确，看清楚位置，否则会烧毁。

(3) 给两块开发板上电，打开串口调试助手，串口应选择自己的端口号，波特率设置为 115 200 b/s。终端设备联网成功后会向协调器发送数据，哈气后温湿度值都会上升，如图 5-36 所示。

图 5-36　串口输出温湿度值

任务 6　智能 LED 控制

任务目标

(1) 掌握 ZigBee 无线通信关键技术。

(2) 掌握信息采集与设备控制的智能联动。

视频 5-7

相关知识

本任务实现光照传感器和灯的智能联动功能，当采集的光照强度值低于设定的阈值时，自动开灯，否则关灯。灯作为负载接在继电器上，通过控制继电器吸合和断开控制灯的通断。

本任务采用星型网络，使用节点 1 连接光照传感器，节点 2 连接 LED 模块，协调器负责转发信息，如图 5-37 所示。

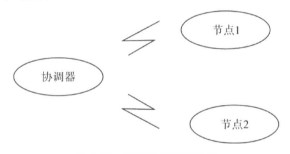

图 5-37　智能灯具控制结构

任务实施

1. 开发内容

(1) 协调器编程。新建文件 Coodinator.c，文件代码如下：

```c
#include "OSAL.h"
#include "AF.h"
#include "ZDApp.h"
#include "ZDObject.h"
#include "ZDProfile.h"
#include <string.h>
#include "Coordinator.h"
#include "DebugTrace.h"

#if !defined(WIN32)
#include "OnBoard.h"
#endif

#include "hal_lcd.h"
```

```
#include "hal_led.h"
#include "hal_key.h"
#include "hal_uart.h"

#include "ioCC2530.h"

const cId_t GenericApp_ClusterList[GENERICAPP_MAX_CLUSTERS] = {
    GENERICAPP_CLUSTERID
};

const SimpleDescriptionFormat_t GenericApp_SimpleDesc = {
    GENERICAPP_ENDPOINT,
    GENERICAPP_PROFID,
    GENERICAPP_DEVICEID,
    GENERICAPP_DEVICE_VERSION,
    GENERICAPP_FLAGS,
    GENERICAPP_MAX_CLUSTERS,
    (cId_t *)GenericApp_ClusterList,
    0,
    (cId_t *)NULL
};

endPointDesc_t    GenericApp_epDesc;
byte              GenericApp_TaskID;
byte              GenericApp_TransID;
uint16            endAddr;                  //保存带有 LED 节点的网络地址
uint8             ledon[7] = "ledon";       //发送的开灯命令
uint8             ledoff[7] = "ledoff";     //发送的关灯命令
void GenericApp_MessageMSGCB(afIncomingMSGPacket_t *pckt);
void Senddata_MSG(uint8 *coding);
/*任务初始化函数*/
void GenericApp_Init(byte task_id)
{
    GenericApp_TaskID        = task_id;
    GenericApp_TransID       = 0;
    GenericApp_epDesc.endPoint     = GENERICAPP_ENDPOINT;
    GenericApp_epDesc.task_id      = &GenericApp_TaskID;
    GenericApp_epDesc.simpleDesc   =
        (SimpleDescriptionFormat_t *)&GenericApp_SimpleDesc;
    GenericApp_epDesc.latencyReq   = noLatencyReqs;
    afRegister(&GenericApp_epDesc);
}
/*事件处理函数*/
```

```
UINT16 GenericApp_ProcessEvent( byte task_id, UINT16 events)
{
    afIncomingMSGPacket_t *MSGpkt;
    if(events & SYS_EVENT_MSG){
        MSGpkt = (afIncomingMSGPacket_t*)osal_msg_receive(GenericApp_TaskID);
        while(MSGpkt){
            switch(MSGpkt->hdr.event){
                case AF_INCOMING_MSG_CMD:
                    GenericApp_MessageMSGCB(MSGpkt);
                    break;
                default:
                    break;
            }
            osal_msg_deallocate( (uint8*)MSGpkt);
            MSGpkt = (afIncomingMSGPacket_t*) osal_msg_receive(GenericApp_TaskID);
        }
        return (events ^ SYS_EVENT_MSG);
    }
    return 0;
}
/*消息处理函数*/
void GenericApp_MessageMSGCB(afIncomingMSGPacket_t *pkt)
{
    uint16 lightval = 0;
    if(!memcmp(pkt->cmd.Data, "light", 5))
    {
        lightval = pkt->cmd.Data[5];                    //保存光照强度值
        lightval |= ((uint16)pkt->cmd.Data[6]) << 8;
        if(lightval < 20)
        {
            Senddata_MSG(ledon);
        }
        else
        {
            Senddata_MSG(ledoff);
        }
    }
    else if(!memcmp(pkt->cmd.Data, "Eaddr", 5))
    {//保存 LED 设备节点信息
        endAddr = pkt->cmd.Data[5];
        endAddr |= ((uint16)pkt->cmd.Data[6]) << 8;
    }
}
```

```
/*无线发送数据给终端设备 2*/
void Senddata_MSG(uint8 *coding)
{
        afAddrType_t my_DstAddr;
        my_DstAddr.addrMode      = (afAddrMode_t)Addr16Bit;
        my_DstAddr.endPoint      = GENERICAPP_ENDPOINT;
        my_DstAddr.addr.shortAddr = endAddr;
        AF_DataRequest(&my_DstAddr,
                        &GenericApp_epDesc,
                        GENERICAPP_CLUSTERID,
                        6, coding,
                        &GenericApp_TransID,
                        AF_DISCV_ROUTE,
                        AF_DEFAULT_RADIUS);
}
```

上述代码实现功能：协调器收到无线数据后，判断光照强度值，如果小于设定好的阈值，则以单播方式发送关灯命令“ledon”给终端设备 2，否则发送“ledoff”。

(2) 终端设备 1 编程。首先将光照传感器 BH1750 驱动模块 light.c 和 light.h 文件复制到工程文件夹 Source 下，然后在协议栈的 APP 目录树下右击，在弹出的快捷菜单中选择“Add”命令，添加 light.c 和 light.h 文件。新建文件 EndDevice1.c，代码如下：

```
#include "OSAL.h"
#include "AF.h"
#include "ZDApp.h"
#include "ZDObject.h"
#include "ZDProfile.h"
#include <string.h>
#include "Coordinator.h"
#include "DebugTrace.h"

#if !defined(WIN32)
    #include "OnBoard.h"
#endif

#include "hal_lcd.h"
#include "hal_led.h"
#include "hal_key.h"
#include "hal_uart.h"
#include "light.h"              //添加光照强度传感器头文件

const cId_t GenericApp_ClusterList[GENERICAPP_MAX_CLUSTERS] = {
    GENERICAPP_CLUSTERID
};
```

```
const SimpleDescriptionFormat_t GenericApp_SimpleDesc = {
    GENERICAPP_ENDPOINT,
    GENERICAPP_PROFID,
    GENERICAPP_DEVICEID,
    GENERICAPP_DEVICE_VERSION,
    GENERICAPP_FLAGS,
    0,
    (cId_t *)NULL,
    GENERICAPP_MAX_CLUSTERS,
    (cId_t *)GenericApp_ClusterList
};

endPointDesc_t        GenericApp_epDesc;
byte                  GenericApp_TaskID;
byte                  GenericApp_TransID;
devStates_t           GenericApp_NwkState;
uint8                 lightval[10] = "light";

void GenericApp_SendTheMessage(void);
/*任务初始化函数*/
void GenericApp_Init(byte task_id)
{
    GenericApp_TaskID                 = task_id;
    GenericApp_NwkState               = DEV_INIT;
    GenericApp_TransID                = 0;

    GenericApp_epDesc.endPoint        = GENERICAPP_ENDPOINT;
    GenericApp_epDesc.task_id         = &GenericApp_TaskID;
    GenericApp_epDesc.simpleDesc      =
        (SimpleDescriptionFormat_t *)&GenericApp_SimpleDesc;
    GenericApp_epDesc.latencyReq      = noLatencyReqs;

    afRegister(&GenericApp_epDesc);

    P0SEL &= ~(1 << 5);       //此引脚置 1 才能正常工作，但在协议栈中此处被拉低
    P0DIR |= 1 << 5;          //所以需要手动重新置 1
    APCFG &= ~(1 << 5);
    P0_5 = 1;
}
/*事件处理函数*/
UINT16 GenericApp_ProcessEvent(byte task_id, UINT16 events)
{
```

```
            afIncomingMSGPacket_t *MSGpkt;
            if(events & SYS_EVENT_MSG){
                MSGpkt = (afIncomingMSGPacket_t *)osal_msg_receive(GenericApp_TaskID);
                while(MSGpkt){
                    switch(MSGpkt->hdr.event){
                        case ZDO_STATE_CHANGE:
                            GenericApp_NwkState = (devStates_t)(MSGpkt->hdr.status);
                            if(GenericApp_NwkState == DEV_END_DEVICE){
                                osal_set_event(GenericApp_TaskID, SEND_MSG_CODING);
//入网成功后注册发送数据事件
                                P1_0 = 1;
                                P1_1 = 1;
                            }
                            break;
                        default:
                            break;
                    }
                    osal_msg_deallocate((uint8*)MSGpkt);
                    MSGpkt = (afIncomingMSGPacket_t *)osal_msg_receive(GenericApp_TaskID);
                }
                return (events ^ SYS_EVENT_MSG);
            }
            if(events & SEND_MSG_CODING)
            {
                uint16 light;
                light = get_light();
                lightval[5] = (uint8)light;
                lightval[6] = (uint8)(light >> 8);
                GenericApp_SendTheMessage();
                osal_start_timerEx(GenericApp_TaskID, SEND_MSG_CODING, 1000);
//1 s 后再次采集光照强度并发给协调器
                return (events ^ SEND_MSG_CODING);
            }
            return 0;
        }

/*无线发送数据*/
void GenericApp_SendTheMessage(void)
{
    afAddrType_t my_DstAddr;
//单播模式发送给协调器
    my_DstAddr.addrMode        = (afAddrMode_t)Addr16Bit;
    my_DstAddr.endPoint        = GENERICAPP_ENDPOINT;
```

```
                my_DstAddr.addr.shortAddr = 0x0000;
                AF_DataRequest(&my_DstAddr,
                            &GenericApp_epDesc,
                            GENERICAPP_CLUSTERID,
                            7, lightval,
                            &GenericApp_TransID,
                            AF_DISCV_ROUTE,
                            AF_DEFAULT_RADIUS);
        }
```

上述代码实现功能：终端设备 1 采集光照强度值，并通过单播方式无线发送给协调器。

(3) 终端设备 2 编程。新建文件 EndDevice2.c，代码如下：

```
    #include "OSAL.h"
    #include "AF.h"
    #include "ZDApp.h"
    #include "ZDObject.h"
    #include "ZDProfile.h"
    #include <string.h>
    #include "Coordinator.h"
    #include "DebugTrace.h"
    #if !defined(WIN32)
        #include "OnBoard.h"
    #endif
    #include "hal_lcd.h"
    #include "hal_led.h"
    #include "hal_key.h"
    #include "hal_uart.h"


    const cId_t GenericApp_ClusterList[GENERICAPP_MAX_CLUSTERS] = {
        GENERICAPP_CLUSTERID
    };


    const SimpleDescriptionFormat_t GenericApp_SimpleDesc = {
        GENERICAPP_ENDPOINT,
        GENERICAPP_PROFID,
        GENERICAPP_DEVICEID,
        GENERICAPP_DEVICE_VERSION,
        GENERICAPP_FLAGS,
        0,
        (cId_t *)NULL,
        GENERICAPP_MAX_CLUSTERS,
        (cId_t *)GenericApp_ClusterList
    };
```

```
endPointDesc_t          GenericApp_epDesc;
byte                    GenericApp_TaskID;
byte                    GenericApp_TransID;
devStates_t             GenericApp_NwkState;
uint8                   myAddr[10] = "Eaddr";

  void GenericApp_SendTheMessage(void);
/*任务初始化函数*/
  void GenericApp_Init(byte task_id)
  {
      GenericApp_TaskID                  = task_id;
      GenericApp_NwkState                = DEV_INIT;
      GenericApp_TransID                 = 0;


      GenericApp_epDesc.endPoint         = GENERICAPP_ENDPOINT;
      GenericApp_epDesc.task_id          = &GenericApp_TaskID;
      GenericApp_epDesc.simpleDesc       =
          (SimpleDescriptionFormat_t *)&GenericApp_SimpleDesc;
      GenericApp_epDesc.latencyReq       = noLatencyReqs;


      afRegister(&GenericApp_epDesc);

      APCFG &= ~(1 << 5);
      P0SEL &= ~(1 << 5);   //初始化 LED 控制的引脚
      P0DIR |= 1 << 5;
  }
/*事件处理函数*/
  UINT16 GenericApp_ProcessEvent(byte task_id, UINT16 events)
  {
      afIncomingMSGPacket_t *MSGpkt;
      if(events & SYS_EVENT_MSG){
          MSGpkt = (afIncomingMSGPacket_t *)osal_msg_receive(GenericApp_TaskID);
          while(MSGpkt){
              switch(MSGpkt->hdr.event){
                  case ZDO_STATE_CHANGE:
                      GenericApp_NwkState = (devStates_t)(MSGpkt->hdr.status);
                      if(GenericApp_NwkState == DEV_END_DEVICE){
                          //组网成功后上传网络地址
                          GenericApp_SendTheMessage();
                      }
                      break;
                  case AF_INCOMING_MSG_CMD:
```

```
                               if(!memcmp(MSGpkt->cmd.Data, "led on", 6))
//判断接收到的命令
                                   P0_5 = 1;
                               if(!memcmp(MSGpkt->cmd.Data, "ledoff", 6))
                                   P0_5 = 0;
                               break;
                           default:
                               break;
                     }
                     osal_msg_deallocate((uint8*)MSGpkt);
                     MSGpkt = (afIncomingMSGPacket_t *)osal_msg_receive(GenericApp_TaskID);
                 }
             return (events ^ SYS_EVENT_MSG);
         }
     return 0;
 }
/*将网络地址无线发送给协调器*/
 void GenericApp_SendTheMessage(void)
 {
     uint16 myNwk;
     myNwk = NLME_GetShortAddr();
     myAddr[5] = (uint8)myNwk;
     myAddr[6] = (uint8)(myNwk >> 8);
     //单播模式发送给协调器
     afAddrType_t my_DstAddr;
     my_DstAddr.addrMode       = (afAddrMode_t)Addr16Bit;
     my_DstAddr.endPoint       = GENERICAPP_ENDPOINT;
     my_DstAddr.addr.shortAddr = 0x0000;
     AF_DataRequest(&my_DstAddr,
                    &GenericApp_epDesc,
                    GENERICAPP_CLUSTERID,
                    7, myAddr,
                    &GenericApp_TransID,
                    AF_DISCV_ROUTE,
                    AF_DEFAULT_RADIUS);
     }
```

上述代码实现功能：终端设备 2 收到无线数据后，根据相应的命令执行开灯和关灯动作，同时将自身的网络地址以单播方式无线发送给协调器。

2. 结果分析

分别将协调器程序、终端节点 1 程序和终端节点 2 程序下载到三个开发板中，用手遮挡住光照传感器，观察现象。

课 后 练 习

一、填空题

1. 在 ZigBee 网络中实现点对点的通信需要使用_____模式，广播接收数据使用_____模式。

2. 在 ZigBee 结构中，_____与硬件息息相关。

3. 中国使用的 ZigBee 工作的频段是_____，定义了_____个信道。

4. Zigbee 技术的特点是_____、_____、_____、_____、_____、_____。

5. 在 ZigBee 网络中，负责建立网络、管理节点的是_____，具有路由转发功能的节点是_____节点。

6. CC2530 包括三个 8 位 I/O 口，分别是_____、_____、_____。

7. 对于协调器，网络地址固定为_____。

8. ZigBee 分为_____、_____、_____三种设备类型。

二、判断题

1. 每个 ZigBee 设备都有一个 64 位的 IEEE 长地址，即 MAC 地址。物理地址是在出厂时初始化的，是全球唯一的。　　　　　　　　　　　　　　　　（　　）

2. ZigBee 的特点是高功耗、高速率传输数据。　　　　　　　　　　（　　）

3. 在 ZigBee 设备中，负责建立一个网络、管理网络节点、存储网络节点信息的是路由器。　　　　　　　　　　　　　　　　　　　　　　　　　　（　　）

4. 通常 ZigBee 的发射功率范围为 15 dBm～20 dBm。　　　　　　　（　　）

5. 从应用角度看，通信的本质就是端点到端点的连接。　　　　　　　（　　）

6. 近场通信的英文缩写为 NFC。　　　　　　　　　　　　　　　　（　　）

7. 由 ZigBee 组织来定义的是网络层。　　　　　　　　　　　　　　（　　）

8. 在 IEEE 802.15.4 标准协议中，规定了 2.4 GHz 物理层的数据传输速率为 250 kb/s。

　　　　　　　　　　　　　　　　　　　　　　　　　　　　　　（　　）

9. ZigBee 不支持的网络拓扑结构是星状。　　　　　　　　　　　　（　　）

10. 网络地址也称短地址，通常用 16 位的短地址来标识自身和识别对方。对于协调器来说，短地址始终为 0x0000；对于路由器和终端设备来说，短地址由其所在网络中的协调器分配。　　　　　　　　　　　　　　　　　　　　　　　　　　　（　　）

三、简答题

1. 简述 ZigBee 技术。

2. 简述 Z-Stack 协议栈中的两种地址类型。

3. 简述 ZigBee 网络层的功能。

4. 简述端点的作用。

四、编程题

编程实现无线采集光照强度值。具体要求：终端设备利用光照传感器 BH1750 采集光照强度值，发送给协调器，协调器收到数据后在串口输出。

项目六　C#上位机项目开发

本项目主要学习 C#上位机程序的开发，包括 C#程序基本结构、Socket 通信、JSON 解析、智能交通系统等。

本项目开发环境：Visual Studio 2010、Microsoft .NET Framwork 4.0。

任务 1　第一个 C#程序——HelloWorld

任务目标

(1) 掌握 Visual Studio 2010 集成开发环境的基本使用。

(2) 熟悉 C#程序的基本结构。

相关知识

1. C#简介

C#读作 C Sharp，是微软公司专门为.NET 战略推出的一种现代编程语言，主要用于开发运行在.NET 平台上的应用程序。

2. C#的特点

C#是从 C 和 C++派生出来的一种简单、现代、面向对象和类型安全的编程语言，并且能够与.NET 框架完美结合。C#具有以下突出的特点：

(1) 语法简洁，不允许直接操作内存，去掉了指针操作。

(2) 彻底的面向对象设计。C#具有面向对象语言所应有的一切特性：封装、继承和多态等。

(3) 与 Web 紧密结合。C#支持绝大多数的 Web 标准，如 HTML、XML、SOAP 等。

(4) 强大的安全性机制。C#可以消除软件开发中的常见错误(如语法错误)，.NET 提供的垃圾回收器能够帮助开发者有效地管理内存资源。

(5) 兼容性。因为 C#遵循.NET 的公共语言规范(Common Language Specification，CLS)，所以保证能够与其他语言开发的组件兼容。

(6) 完善的错误、异常处理机制。C#提供了完善的错误和异常处理机制，使程序在交付应用时能够更加健壮。

3. Visual Studio 2010 集成开发环境

Visual Studio 2010(以下简称 VS 2010)是微软公司配合.NET 战略推出

视频 6-1

的集成开发环境，C#程序的编写及运行都可以利用
VS 2010 来完成。首先在微软官网下载 VS 2010，安
装完成后，生成图 6-1 所示图标。

任务实施

图 6-1　VS 2010 图标　　视频 6-2

1. 开发内容及步骤

使用 VS 2010，在控制台创建"HelloWorld"程序并运行，输出"HelloWorld"字样。
其具体开发步骤如下：

(1) 选择"文件"→"新建"→"项目"命令，弹出图 6-2 所示的对话框。选择"控制
台应用程序"，输入项目的名称，选择保存路径，单击"确定"按钮，即可创建一个控制
台应用程序。

图 6-2　创建控制台应用程序

(2) 控制台应用程序创建完成后，会自动打开 Program.cs 文件，在该文件的 Main()方
法中输入图 6-3 所示代码。

```
Program.cs* ×
HelloWorld.Program                                    Main(string[] args)

using System;
using System.Collections.Generic;
using System.Linq;
using System.Text;

namespace HelloWorld
{
    class Program
    {
        static void Main(string[] args)
        {
            Console.WriteLine("Hello World"); //输出"Hello World"
            Console.ReadLine();               //定位控制台窗体
        }
    }
}
```

图 6-3　Program.cs 文件

(3) 按 F5 键，或单击"调试"按钮 ▶，运行结果如图 6-4 所示。

图 6-4　输出 Hello World

2. 结果分析

从上面的程序中可以看出，一个 C#程序的基本结构大体可以分为命名空间、类、关键字、标识符、Main 方法和注释。其中 Main 方法前面已经介绍，下面将对 C#程序的其他结构进行详细讲解。

1) 命名空间

在 VS 2010 集成开发环境中创建项目时，会自动生成一个与项目名称相同的命名空间。例如，创建"HelloWorld"项目时，会自动生成一个名称为"HelloWorld"的命名空间。

　　　　namespace HelloWorld

C#程序是利用命名空间组织起来的。命名空间既用作程序的"内部"组织系统，也用作向"外部"公开的组织系统(一种向其他程序公开自己拥有的程序元素的方法)。如果要调用某个命名空间中的类或者方法，首先需要使用 using 指令引入命名空间，这样就可以直接使用该命名空间中所包含的成员(包括类及类中的属性、方法等)。

using 指令的基本形式如下：

　　　　using 命名空间名;

2) 类

C#程序的主要功能代码都是在类中实现的。类是一种数据结构，它可以封装数据成员、方法成员和其他的类。因此，类是 C#的核心和基本构成模块。C#支持自定义类，使用 C#编程就是编写自己的类来描述实际需要解决的问题。

使用类之前必须首先进行声明，一个类一旦被声明，就可以被当作一个新的类型来使用。在 C#中使用 class 关键字来声明类，声明语法如下：

　　　　class 类名
　　　　{
　　　　　　类中的代码
　　　　}

3) 关键字

关键字是编程语言中已经被赋予特定意义的一些单词，如 using、namespace、class、static 和 void 等都是关键字。

4) 标识符

标识符可以简单地理解为一个名字，主要用来标识类名、变量名、方法名、属性名、数组名等各种成员。C#规定标识符由任意顺序的字母、下划线和数字组成，并且第一个字符不能是数字。另外，标识符不能是 C#中的保留关键字。

5) 注释

使用"//"书写不跨行的注释，使用"/*"和"*/"书写多行注释。

任务2 四则运算

任务目标

(1) 学会窗体应用程序的创建。

(2) 掌握基本控件的使用。

视频 6-3

相关知识

本任务是创建一个窗体应用程序，实现两个数的加、减、乘、除四则运算。

下面以求和运算为例进行讲解(其他运算原理相同)，求和运算流程如图 6-5 所示。首先判断 oper1、oper2 是否为空，为空则提示"操作数不能为空"；不为空则把 oper1、oper2 转换为整型，若出现异常则提示"输入字符串的格式不正确"，若无异常则相加计算结果。

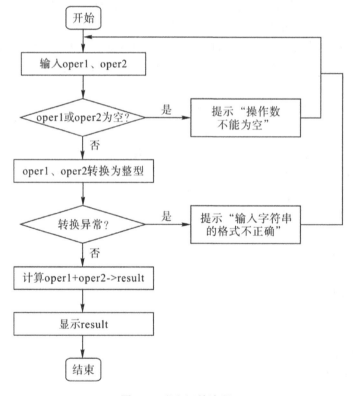

图 6-5　求和运算流程

任务实施

1. 开发内容

(1) 选择"文件"→"新建项目"命令，弹出图 6-6 所示对话框，选择"Windows 窗体应用程序"，设置工程名称和位置后进入程序的 Form1 窗口(也可以自己再添加窗体：右击工程名称，在弹出的快捷菜单中选择"添加"→"Windows 窗体"命令)。

图 6-6　新建工程

(2) 拖曳控件。从左侧的"工具箱"→"公共控件"中拖放 3 个 Label 控件、3 个 TextBox 控件和 4 个 Button 控件放在 Form1 窗口中，如图 6-7 所示。

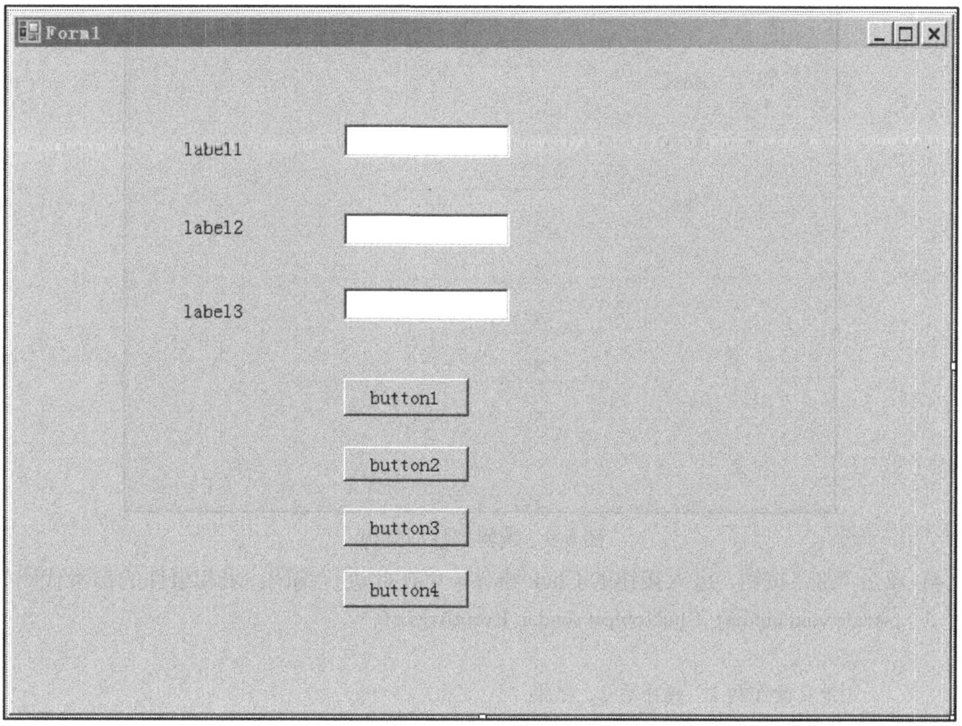

图 6-7　拖曳控件

（3）编辑控件。选中"Label"控件，右击，在弹出的快捷菜单中选择"属性"命令，将"text"属性修改为"操作数1"，如图6-8所示。

按照同样的方法对其他控件的Text属性进行修改，效果如图6-9所示。

图6-8　修改属性

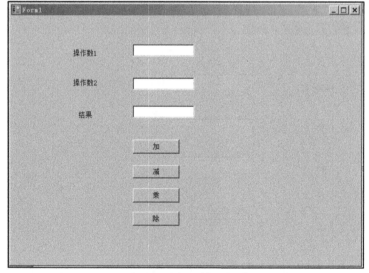

图6-9　编辑控件后效果

（4）双击"加"按钮，进入按钮的Click事件，可在此进行编码。求和事件的参考代码如下：

```
private void button1_Click(object sender, EventArgs e)
{
    //定义操作数1、操作数2、结果
    long oper1, oper2, result;
    //如果操作数为空，显示警告信息
```

```
if ((textBox1.Text == "") || (textBox2.Text == ""))
{
    MessageBox.Show(this, "操作数不能为空", "提示信息",
    MessageBoxButtons.OK, MessageBoxIcon.Information);
    return;
}
try
{
    //将文本框中的数据(字符串型)转换成 long 型数据
    oper1 = Convert.ToInt64(textBox1.Text);
    oper2 = Convert.ToInt64(textBox2.Text);
    //计算结果
    result = oper1 + oper2;
    //将和写入结果文本框
    textBox3.Text = Convert.ToString(result);
}
catch (Exception e1)
{    //捕捉异常，如若输入字母/浮点数，在转换成 long 型时会引发异常
    MessageBox.Show(this, e1.Message, "警告信息",
    MessageBoxButtons.OK, MessageBoxIcon.Warning);
}
}
```

减、乘、除运算事件代码可参考加法运算代码，此处省略。

2. 结果验证

(1) 按 F5 键，或单击"调试"按钮运行程序。操作数 1 和操作数 2 任一为空或都为空时，单击"加"按钮会弹出提示"操作数不能为空"，显示效果如图 6-10 所示。

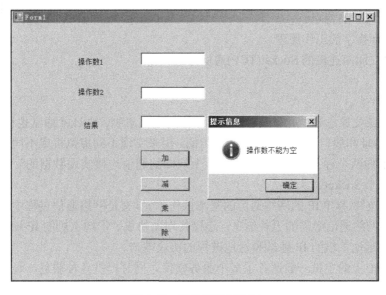

图 6-10　操作数不能为空

(2) 在操作数 1 文本框输入 500，在操作数 2 文本框输入 501，单击"加"按钮，将在"结果"文本框中显示 1001，如图 6-11 所示。

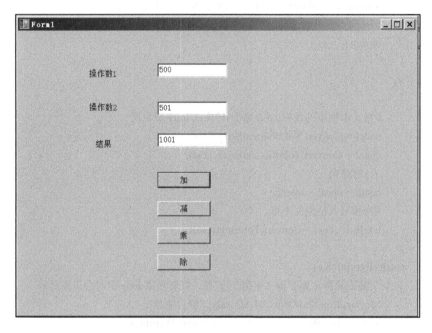

图 6-11　显示两数相加结果

任务 3　面向连接的 TCP 同步 Socket 通信

任务目标

(1) 了解 TCP 的特点。
(2) 理解套接字的工作原理。
(3) 会建立面向连接的 Socket(TCP)通信方式。

视频 6-4

相关知识

　　Socket 的英文原意是"孔"或"插座"。作为通信机制，Socket 通常也称"套接字"，用于描述 IP 地址和端口，是一个通信链的句柄，用来实现不同虚拟机或不同计算机之间的通信。网络上的两个计算机(或程序)通过一个双向的通信连接实现数据的交换，这个连接的一端称为一个 Socket。

　　Socket 是支持 TCP/IP 的网络通信的基本操作单元，它是网络通信过程中端点的抽象表示，包含进行网络通信必需的五种信息：连接使用的协议、本地主机的 IP 地址、本地进程的协议端口、远地主机的 IP 地址和远地进程的协议端口。

　　在 Internet 上的主机一般运行了多个服务软件，同时提供几种服务。每种服务都打开一个 Socket，并绑定到一个端口上，不同的端口对应于不同的服务。

Socket 通信流程如图 6-12 所示。首先建立一个套接字，并绑定本机的 IP 和端口作为服务器端，使用 Listen()方法来监听网络上是否有客户端给服务器端发送数据，并建立客户端套接字连接服务器端。服务端监听到客户端连接请求，使用 Accept()方法来接收这个连接，最后就可以利用 Send()/Receive()方法执行操作。

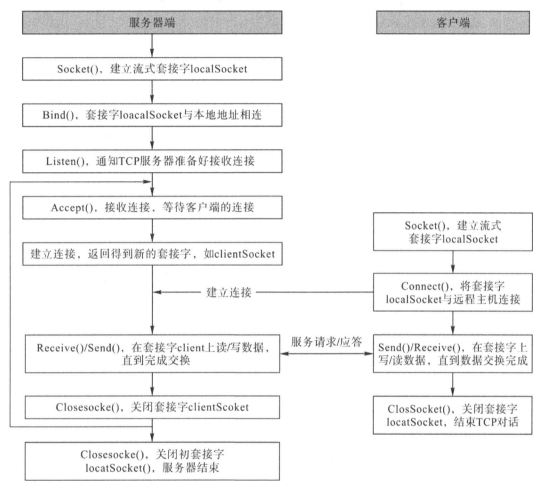

图 6-12　Socket 通信流程

任务实施

1. 开发内容

本任务实现服务器端和客户端的通信，程序设计包括服务器端和客户端两部分。

1）服务器端开发流程

(1) 创建 SocketSever 控制台程序。

(2) 引入命名空间 System.Net.Sockets。

(3) 根据图 6-12 给出的服务器端系统通信流程编写代码。服务器端参考代码如下：

```
/* 同步 TCP 通信服务器端 */
using System;
```

```csharp
using System.Collections.Generic;
using System.Linq;
using System.Text;
using System.Net;
using System.Net.Sockets;
namespace SocketSever
{
    class Program
    {
        static void Main(string[] args)
        {   //建立服务器端 Socket
            Socket localSocket = new Socket(AddressFamily.InterNetwork, SocketType.Stream,
            ProtocolType.Tcp);
            //服务器端 IP 127.0.0.1，端口 1000
            IPEndPoint iep = new IPEndPoint(IPAddress.Parse("127.0.0.1"), 1000);
            //绑定本机的 IP 和端口
            localSocket.Bind(iep);
            //监听
            localSocket.Listen(10);
            Console.WriteLine("服务端开始监听…");
            //当有可用的客户端连接尝试时执行，并返回一个新的 socket，用于与客户端之间
            //的通信
            Socket clientSocket = localSocket.Accept();
            //存放服务器端接收到客户端的信息
            byte[] bys = new byte[1024];
            Console.WriteLine("客户端已连接");
            //服务器端向客户端发送消息 "welcome"
            clientSocket.Send(Encoding.Default.GetBytes("welcome"));
            while (true)
            {   //Socket 读取数据
                int recv = clientSocket.Receive(bys);
                //当客户端主动自愿断开连接时 recv=0
                if (recv == 0)
                    break;
                //输出接收到客户端的信息
                Console.WriteLine(Encoding.Default.GetString(bys, 0, recv));
            }
            clientSocket.Close();
            //关闭服务器端
            localSocket.Close();
        }
    }
}
```

2) 客户端开发流程

(1) 创建 SocketClient 控制台程序。

(2) 引入命名空间 System.Net.Sockets。

(3) 根据图 6-12 给出的客户端通信流程编写代码。客户端参考代码如下：

```
/*同步 TCP 通信客户端 */
using System;
using System.Collections.Generic;
using System.Linq;
using System.Text;
using System.Net;
using System.Net.Sockets;
namespace SocketClient
{
    class Program
    {
        static void Main(string[] args)
        {
            //建立一个套接字
            IPAddress remoteHost = IPAddress.Parse("127.0.0.1");
            /*服务器地址与端口*/
            IPEndPoint iep = new IPEndPoint(remoteHost, 1000);
            /*客户端 Socket*/
            Socket localSocket = new Socket(AddressFamily.InterNetwork, SocketType.Stream,
            ProtocolType.Tcp);
            /*连接服务器端*/
            localSocket.Connect(iep);
            /*存放服务器端发送的数据*/
            byte[] bys = new byte[1024];
            /*客户端接收服务器端的数据*/
            int recv = localSocket.Receive(bys);
            /*将服务器端返回的数据转化成字符串*/
            string str = Encoding.Default.GetString(bys, 0, recv);
            /*显示服务器端返回数据*/
            Console.WriteLine(str);
            /*声明存放用户输入的信息*/
            string msg;
            do
            {
                /*获取输入数据*/
                msg = Console.ReadLine();
```

```
    /*将字符串转化成 byte 数组输出*/
    bys = Encoding.Default.GetBytes(msg);
    /*向服务器端发送数据*/
    localSocket.Send(bys);
}
/*当输入 exit 时自愿断开连接*/
while (msg != "exit");
/*禁止下次数据读取和写入参数：SocketShutdown.Receive 为禁止下次数据读取，
SocketShutdown.Send 为禁止下次数据写入*/
localSocket.Shutdown(SocketShutdown.Both);
/*关闭客户端 Socket*/
localSocket.Close();
        }
    }
}
```

2. 结果分析

分别启动服务器端和客户端程序，在客户端输入 hello sever，按回车键，服务器端显示客户端所发送的消息，如图 6-13 所示。

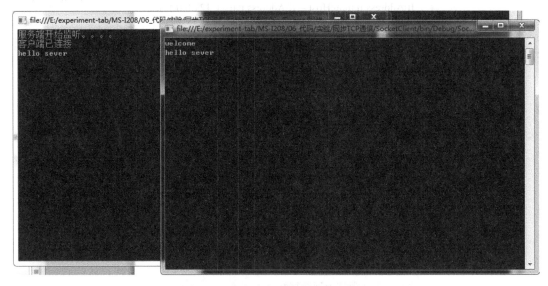

图 6-13　客户端向服务器端发送数据

任务 4　委托的定义和使用

任务目标

掌握委托的定义和基本使用。

相关知识

　　在 C#中，使用 delegate 关键字用于声明一个引用类型(委托)，该引用类型可用于封装命名方法或匿名方法。委托类似于 C++中的函数指针。委托是安全和可靠的，它的变量可以引用到某一个符合要求的方法上，通过委托可以间接地调用该方法。本任务主要学习委托的定义和最基本的使用方法。

视频 6-5

任务实施

1. 开发内容

　　(1) 新建 Windows 窗体应用程序，在界面中分别放置一个 TextBox 控件和一个 Button 控件，界面布局如图 6-14 所示。

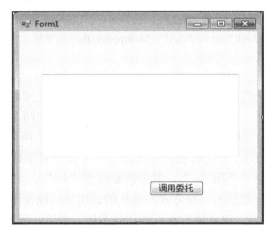

图 6-14　界面布局

　　(2) 程序解析如下：

```
public partial class Form1 : Form
    {
        //定义委托
        public delegate void TestDelegate(int data1,int data2);
        //声明委托
        private TestDelegate test;
        public Form1()
        {
            InitializeComponent();
        }
        private void Form1_Load(object sender, EventArgs e)
        {
            //将方法绑定到委托
            test += AddData;
            test += MultipliedData;
```

```
        }
        private void button1_Click(object sender, EventArgs e)
        {
            //调用委托
            test(5,2);
        }

        public void AddData(int data1,int data2)
        {
            int data = data1 + data2;
            textBox1.Text+="调用了 AddData，结果是："+data;
        }
        public void MultipliedData(int data1,int data2)
        {
            int data = data1* data2;
            textBox1.Text += "调用了 MultipliedData，结果是：" + data;
        }
    }
```

　　首先声明委托类型，然后将方法挂载到委托上，通过委托来调用方法，一个委托可以代理同一形式的多个方法。在上面的代码中，委托 test 加载的两个方法的形式是相同的，即返回值均为空，参数类型均为两个 int 型。当委托 test 加载了两个方法之后，在调用委托的同时会一次调用两个方法。委托的加载方式是"+="，如果只加载一个方法，可以用"="；如果要加载多个方法，第一个用"="，其余的必须用"+="。

　　注意：委托是跨线程通信的一种方式，委托的调用是可以在不同的线程中传递数据和发送消息的。在 C#开发中，很多地方都需要用到委托，而且必须通过委托才能实现。

2. 结果分析

　　单击"调用委托"按钮后，界面如图 6-15 所示。

图 6-15　调用委托后结果

任务 5　JSON 通信协议

任务目标

(1) 掌握 JSON 通信协议。

(2) 掌握 C#解析 JSON 的方法。

相关知识

视频 6-6

JSON(JavaScript Object Notation)是一种轻量级的数据交换格式。它采用完全独立于编程语言的文本格式来存储和表示数据，层次结构简洁、清晰，不仅易于阅读和编写，也易于机器解析和生成。同时，JSON 也使用了类似于 C 语言家族的习惯(包括 C、C++、C#、Java、JavaScript、Perl、Python 等)，这些特性使 JSON 成为理想的数据交换语言。

JSON 有两种表示结构，即对象和数组。

对象结构以"{"开始，以"}"结束，中间部分由 0 或多个以","分隔的 key(关键字)/value(值)对构成，关键字和值之间以 ":" 分隔，语法结构如下：

```
{   key1:value1,
    key2:value2,
    ...
}
```

数组结构以 "[" 开始，以 "]" 结束，中间部分由 0 或多个以 "," 分隔的值列表组成，语法结构如下：

```
[
    {
        key1:value1,
        key2:value2
    },
    {
        key3:value3,
        key4:value4
    }
]
```

JSON 中的值可以是数字(整数或浮点数)、字符串(用双引号)、逻辑值(True 或 False)、数组(在方括号中)、对象(在花括号中)和 null。

任务实施

1. 开发内容

(1) 新建 Windows 窗体应用程序，界面布局如图 6-16 所示。

（2）添加引用。右击"引用"，在弹出的快捷菜单中选择"添加引用"命令，如图 6-17 所示。

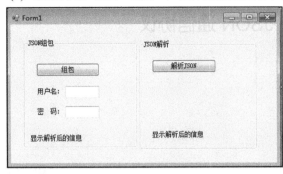

图 6-16　界面布局

图 6-17　添加引用

选择 System.Runtime.Serialization，如图 6-18 所示。

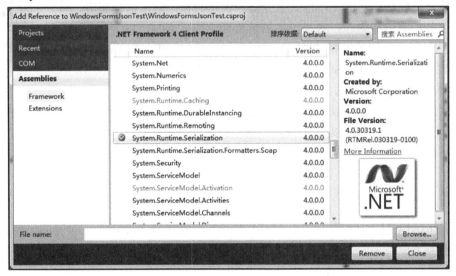

图 6-18　选择引用

（3）引入命名空间。在 Form1 中引入命名空间，如下：

```
using System.Runtime.Serialization.Json;
```

（4）创建解析与生成 JSON 字符串的类。在工程上右击创建 JSONHelp 类，在该类中添加 Serialize 和 Deserialize 两个方法，代码如下：

```
public static string Serialize<T>(T obj)
    {
System.Runtime.Serialization.Json.DataContractJsonSerializer
        serializer =new System.Runtime.Serialization.Json.
            DataContractJsonSerializer(obj.GetType());
        MemoryStream ms = new MemoryStream();
        serializer.WriteObject(ms, obj);
        string retVal = Encoding.UTF8.GetString(ms.ToArray());
        ms.Dispose();
        return retVal;
    }
```

上述方法实现功能：将对象转化为 JSON 字符串。

```
public static T Deserialize<T>(string json)
{
    T obj = Activator.CreateInstance<T>();
    MemoryStream ms = new MemoryStream(Encoding.Unicode.GetBytes(json));
    System.Runtime.Serialization.Json.DataContractJsonSerializer serializer=new
        System.Runtime. Serialization.Json.DataContractJsonSerializer(obj.GetType());
    obj = (T)serializer.ReadObject(ms);
    ms.Close();
    ms.Dispose();
    return obj;
}
```

上述方法实现功能：将 JSON 字符串解析为对象。

2. 结果分析

运行程序，输入用户名、密码。单击"组包"按钮，显示组包后的 JSON 字符串；单击"解析 JSON"按钮，显示解析后的 JSON 对象信息，如图 6-19 所示。

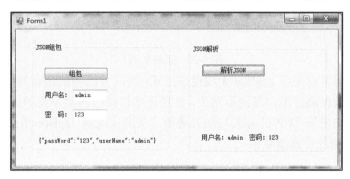

图 6-19　程序运行结果

任务 6　智能交通沙盘系统软件的设计

任务目标

通过该任务，熟悉实际项目的开发过程，掌握 C#在实际项目开发中的综合应用。

相关知识

1. 开发环境

系统开发平台：Microsoft Visual Studio 2010。
系统开发语言：C#。
运行环境：Microsoft .NET Framwork 4.0。
硬件环境：山东微分智能交通沙盘。

视频 6-7　　　　　视频 6-8

2. 系统架构和功能

智能交通沙盘系统软件采用 C/S 架构，智能交通软件是智能交通沙盘系统软件的组成部分，是面向用户的使用和操作平台。用户使用软件来获得系统硬件部分的相关信息，以及对远端硬件发送控制指令等。

1) 系统架构

系统架构如图 6-20 所示。

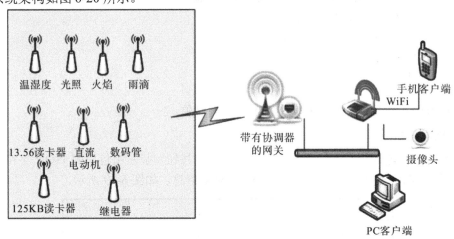

图 6-20　系统架构

本系统传感器节点采用 ZigBee 无线通信方式，与网关所带的协调器组成星状网络。协调器将接收到的数据通过串口发送给网关，并通过串口接收网关下发的指令信息。PC 客户端与手机客户端均采用 TCP 的方式与网关通信，从而实现对 ZigBee 节点的控制，并接收 ZigBee 节点上传输的传感器数据。

2) 系统功能

系统功能如图 6-21 所示。

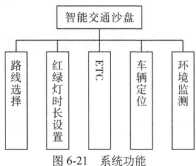

图 6-21　系统功能

ETC：利用 125 KB 读卡器模拟 ETC 卡号读取，显示经过 ETC 的卡号，并通过直流电动机模拟控制 ETC 自动抬杆。

路线选择：通过继电器模拟小车路线选择。

环境监测：实时显示智能交通沙盘内安装的传感器上传的温湿度、光照、是否发生火灾及是否有雨滴等数据。

车辆定位：用 13.56 读卡器模拟车辆定位。

红绿灯时长设置：通过设置数码管，模拟红绿灯并设置红灯时长。

任务实施

1. 通信模块

通信模块作为客户端连接网关，既可接收网关数据，也可向网关发送指令，同时实时显示连接状态，通过心跳机制实现掉线重连。智能交通系统界面如图 6-22 所示，右上角表示连接状态，若未连接成功服务器端则显示为灰色，若连接成功服务器端则亮起。

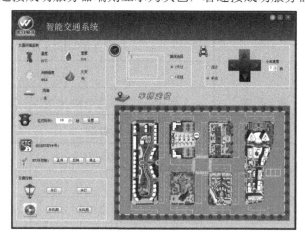

图 6-22　智能交通系统界面

通信模块与网关通信流程如图 6-23 所示。

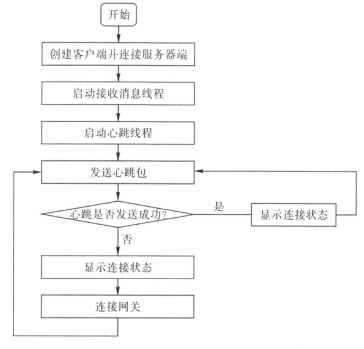

图 6-23　通信模块与网关通信流程

通信模块与网关通信协议格式如表 6-1 所示，设备 ID 与类型如表 6-2 所示。

表 6-1　通信模块与网关通信协议格式

命 令 字	含　义	数 据 示 例
device_id	设备 ID	1
device_type	设备类型	16
transfer_type	无线传输方式	ZigBee
device_value	设备状态值	5/true
timestamp	时间	2015-10-26 12:58:07
cmd	命令字	set_switch
args	命令参数	{"device_id":102,"device_type":24, "device_value":"true"}

表 6-2　设备 ID 与类型

序　号	传感器名称	设备 ID	设备类型
1	温度传感器	1	16
2	湿度传感器	2	17
3	光照传感器	3	18
4	火焰传感器	156	38
5	直流电动机	105	25
6	数码管	103	31
7	RFID 13.56	201	41
8	RFID 125KB	202	40
9	继电器	24	24
10	雨滴	155	37
11	风扇	102	24
12	LED	101	24
13	小车	193	161

例如，网关发送到 PC 客户端的温度数据格式如下：

{"device_id":1,"device_type":16,"transfer_type":"zigbee","device_value":"19","timestamp":"2015-10-2 6 12:58:07"}

PC 客户端发送控制命令到网关，控制风扇开的数据格式如下：

{"cmd":"set_switch","args":{"device_id":102,"device_type":24,"device_value":"true"}}

2）红绿灯时长设置

红绿灯界面布局如图 6-24 所示。

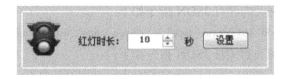

图 6-24　红绿灯界面布局

操作流程：在调节框内调节相应方向的红灯时长，单击"设置"按钮后获取时长数值，组包后发送给网关，用数码管模拟显示时长。JSON 数据格式如下：

{"args":{"device_id":103,"device_type":31,"device_value":"10"},"cmd":"set_switch"}

3）ETC

ETC 界面布局如图 6-25 所示。

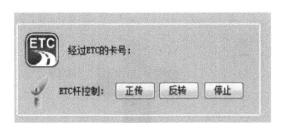

图 6-25　ETC 界面布局

操作流程：刷 125 kHz RFID 标签，网关上显示卡号，同时电动机转动一段时间后自动停止。

PC 客户端接收到来自网关的数据，显示 ETC 卡号。JSON 数据格式如下：

{"device_id":202,"device_type":41,"transfer_type":"zigbee","timestamp":"2016-04-12 21:56:42","device_value":"740435679"}

PC 客户端发送指令到网关，控制电动机正转。JSON 数据格式如下.

{"args":{"device_id":105,"device_type":25,"device_value":"1,200"},"cmd":"set_switch"}

PC 客户端发送指令到网关，控制电动机反转。JSON 数据格式如下：

{"args":{"device_id":105,"device_type":25,"device_value":"2,200"},"cmd":"set_switch"}

PC 客户端发送指令到网关，停止电动机转动。JSON 数据格式如下：

{"args":{"device_id":105,"device_type":25,"device_value":"3,200"},"cmd":"set_switch"}

4）交通控制

交通控制界面布局如图 6-26 所示。

图 6-26　交通控制界面布局

PC 客户端发送给网关的开灯 JSON 指令如下：

{"args":{"device_id":101,"device_type":24,"device_value":"true"},"cmd":"set_switch"}

PC 客户端发送给网关的关灯 JSON 指令如下：

{"args":{"device_id":101,"device_type":24,"device_value":"false"},"cmd":"set_switch"}

PC 客户端发送给网关的开风扇 JSON 指令如下：

{"args":{"device_id":102,"device_type":24,"device_value":"true"},"cmd":"set_switch"}

PC 客户端发送给网关的关风扇 JSON 指令如下：

{"args":{"device_id":102,"device_type":24,"device_value":"true"},"cmd":"set_switch"}

5) 小车控制

小车控制界面布局如图 6-27 所示。

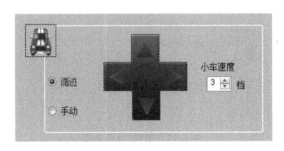

图 6-27　小车控制界面布局

操作流程：单击上、下、左、右方向按钮和中间按钮，可以控制小车前进、后退、左转、右转和停止。小车挡速可设置为 1～5。

控制小车以 5 挡前进，JSON 数据格式如下：

{"cmd":"set_switch","args":{"device_id":193,"device_type":161, "device_value":"1,5"}}

控制小车以 6 挡后退，JSON 数据格式如下：

{"cmd":"set_switch","args":{"device_id":193,"device_type":161, "device_value":"1,6"}}

控制小车左转，JSON 数据格式如下：

{"cmd":"set_switch","args":{"device_id":193,"device_type":161, "device_value":"1,3"}}

控制小车右转，JSON 数据格式如下：

{"cmd":"set_switch","args":{"device_id":193,"device_type":161, **"device_value":"1,4"}}**

控制小车停止，JSON 数据格式如下：

{"cmd":"set_switch","args":{"device_id":193,"device_type":161, "device_value":"1,2"}}

6) 环境监测

环境监测界面布局如图 6-28 所示。

PC 客户端接收到网关发来的光照值，JSON 数据格式如下：

{"device_id":3,"device_type":18,"transfer_type":"zigbee","timestamp":"2016-04-12

21:58:28","device_value":"85"}

其他 JSON 样例类似，其他设备与网关通信的 JSON 数据请参照表 6-2。

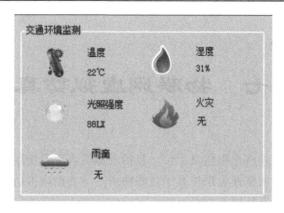

图 6-28　环境监测界面布局

课 后 练 习

一、简答题

1. C#的主要特点有哪些?

2. 引入命名空间需要使用什么关键字?

3. 控制台应用程序和 Windows 窗体应用程序有什么区别?

二、实践题

1. 简述 VS 2010 集成开发环境的安装与使用。

2. 使用 C#创建一个控制台应用程序,输出个人信息。

项目七　物联网虚拟仿真实训

本项目主要讲解物联网虚拟仿真平台，包括虚拟仿真平台使用说明、设备详情等。通过本项目的学习，读者应掌握虚拟仿真平台的使用，学会在虚拟仿真平台上设计并开发物联网系统。本项目的开发环境如下：

- 物联网虚拟仿真平台。
- Microsoft Visual Studio 2010。
- Microsoft .NET Framwork 4.0。

1. 仿真平台介绍

物联网虚拟仿真平台可根据实验台中硬件设备的接口和原理模拟出功能一样的虚拟设备。用户可以根据自己的需求在虚拟仿真平台上列出自己所需要的设备，进行模拟通电连接，然后进行程序测试，避免了在真实环境中设备的混乱、布线的麻烦、真实设备一些不稳定的因素等不足。

用户在基于实验台自主开发程序时，可先在虚拟仿真平台进行测试，从而优化自己的代码。在虚拟仿真平台测试无误后，用户可在真实实验台测试其他因素(如程序稳定性、环境)等。

2. 运行环境

运行物联网虚拟仿真平台时需保证满足以下条件，否则容易出现异常，甚至会导致平台无法正常运行等。

(1) 确保计算机上安装的 .NET Framework 是 4.0 以上的版本。

(2) 运行系统环境为 Windows。

(3) 使用者的计算机配置不能太低，CPU 内存至少为 4 GB。

3. 功能说明

物联网虚拟仿真平台主界面由五大部分组成，即菜单栏、工具栏、工具箱、实验台、设备/消息列表。菜单栏包含虚拟平台的全部功能。工具栏包含虚拟平台较常用的功能。工具箱包含虚拟平台的所有虚拟设备，用户可在工具箱中单击拖动自己需要的设备。实验台是放置工具箱拖动设备、显示设备的位置。设备/消息列表有两个部分，即设备列表和消息列表，设备列表显示实验台中的全部设备；消息列表则显示实验台设备发送数据或接收数据显示的信息，如电源节电、断电等提示。下面主要介绍菜单栏。

1) "开始"菜单

菜单栏中的"开始"菜单有新建、另存为、打开、保存、设置串口数、退出等六个功能。用户可在"开始"菜单中执行相应操作，或在工具栏中单击相应的图标执行相应操作。其详细介绍如下。

　　(1) 新建。点击"开始"菜单中的"新建"选项，新建一个实验平台；也可点击工具栏中的"新建"图标，新建一个实验平台。

　　(2) 另存为。实验平台中的设备另存为方式有三种：可点击"开始"菜单中的"另存为"选项，保存该实验平台；也可以点击工具栏中的"另存为"图标，保存该实验平台；还可以右击"新建实验台"，选择"另存为"命令，保存该实验平台。在弹出的对话框中输入文件名称，并选择保存文件的路径，点击"保存"按钮即可。虚拟仿真平台会显示用户保存进度提示，方便用户知道目前的保存情况。

　　(3) 打开。点击"开始"菜单中的"打开"选项，弹出打开对话框。浏览路径，选择需要打开的".ivm"格式的文件，单击"打开"按钮，打开该实验平台。打开成功后，系统会解析文件中的数据，将数据还原成控件，如图 7-1 所示。

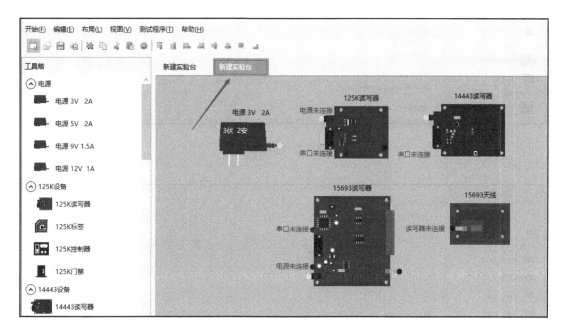

图 7-1　打开相应文件后将数据还原成控件

　　(4) 保存。用户在新建实验台后，若需对该平台进行保存，点击"开始"菜单中的"保存"选项，或者按"Ctrl + S"组合键进行保存。如果该实验平台已保存过，执行保存功能时会直接保存；如果没有保存过，则需要选择路径，如图 7-2 所示，选择路径后点击"保存"按钮，保存该实验平台。

　　(5) 设置串口数。点击"开始"菜单中的"设置串口数"选项，弹出"设置串口数"对话框，在"串口数"文本框中输入需要设定的串口数值，如图 7-3 所示。串口数值设置完成后，单击"确定"按钮，弹出串口数设置成功提示信息后，需重启程序设置才能生效。

　　(6) 退出。点击"开始"菜单红框中的"退出"选项(图 7-4)，自动退出虚拟仿真平台，关闭软件。

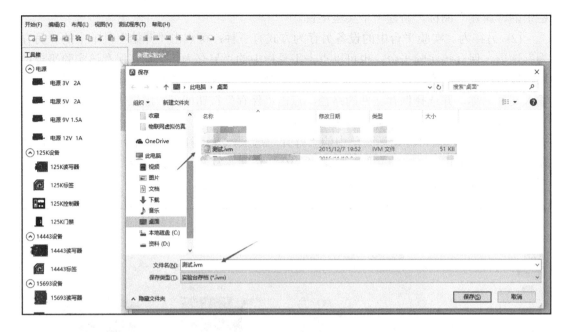

图 7-2　选择路径

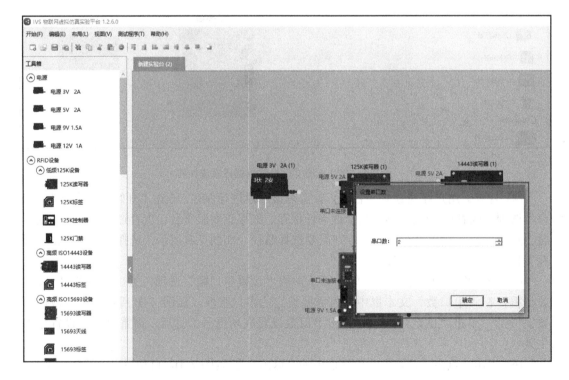

图 7-3　"设置串口数"对话框

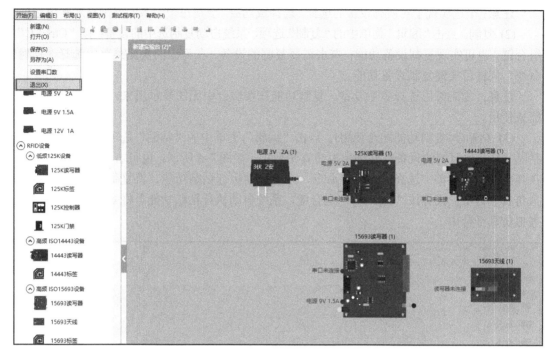

图 7-4　选择"退出"选项

2) "编辑"菜单

(1) 全选。点击"编辑"菜单中的"全选"选项，系统自动选择虚拟仿真平台上的全部设备，如图 7-5 所示；也可以按 "Ctrl+A"组合键，系统自动执行全选功能，将虚拟仿真平台上的设备全部选中。如果只需选择一个设备，可点击该设备。如需选择多个设备，则按住"Ctrl"键不动，然后依次点击各设备；也可以按住鼠标左键不放，拖动鼠标，选择设备。

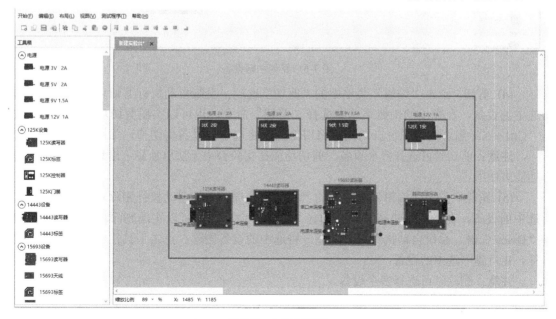

图 7-5　全选界面图

注意: 全选实现了对所有设备的选择,选择成功后,会在每个设备的外围显示紫色边框。

(2) 复制。点击"编辑"菜单中的"复制"选项,系统自动复制选中的设备;按"Ctrl + C"组合键,也可实现复制设备功能;右击需要复制的设备,在弹出的快捷菜单中选择"复制"命令,同样可实现复制设备功能。

注意: 复制时可选择多个设备。复制功能在实验台中无法显示出来,所以配合粘贴功能来使用。

(3) 粘贴(与复制功能配合使用)。点击"编辑"菜单中的"粘贴"选项,系统自动执行粘贴功能,将复制的设备粘贴到虚拟仿真平台中,如图 7-6 所示;也可右击虚拟仿真平台,在弹出的快捷菜单中选择"粘贴"命令,系统自动执行粘贴功能,将复制的设备粘贴到虚拟仿真平台中;或者按"Ctrl + V"组合键,系统自动执行粘贴功能,将复制的设备粘贴到虚拟仿真平台中。

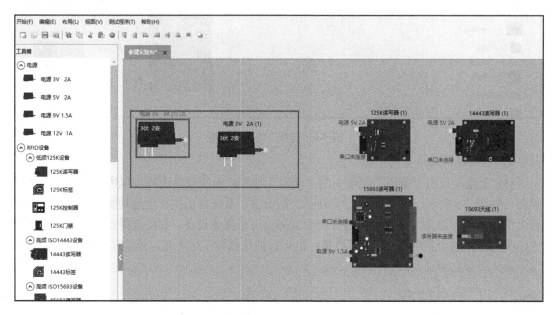

图 7-6　复制粘贴设备

(4) 剪切。点击"编辑"菜单中的"剪切"选项,系统自动执行剪切功能;或者右击选中的设备,在弹出的快捷菜单中选择"剪切"命令,也可以实现剪切功能;还可以按"Ctrl + X"组合键,系统自动执行剪切功能,将选中的设备剪切掉,如图 7-7 所示。

注意: 剪切时可选择多个设备。剪切功能在实验台中无法单独显示出来,需配合粘贴功能来使用。

(5) 删除。点击"编辑"菜单中的"删除"选项,系统自动执行删除功能;或者右击选中的设备,在弹出的快捷菜单中选择"删除"命令,也可以实现删除功能;还可以按"Delete"键,系统自动执行删除功能,将选中的设备删除;点击工具栏中的"删除"图标,也可删除选中的设备。

注意: 删除时可选择多个设备。

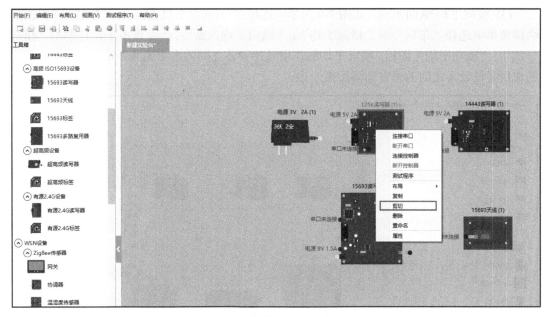

图 7-7　选择"剪切"命令

3)　"布局"菜单

(1) 上对齐/下对齐。选择两个设备(或多个设备)，右击，在弹出的快捷菜单中选择"布局"→"上对齐"/"下对齐"命令(图 7-8)；也可在工具栏中点击"上对齐"/"下对齐"图标。

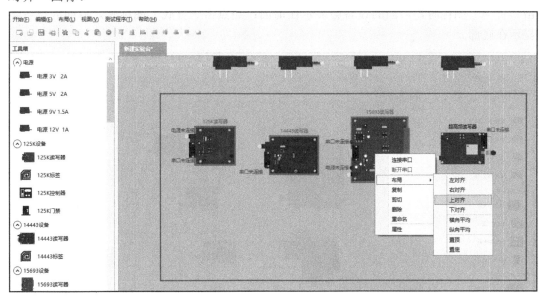

图 7-8　选择"上对齐"/"下对齐"命令

(2) 左对齐/右对齐。选择两个设备(或多个设备)，右击，在弹出的快捷菜单中选择"布局"→"左对齐"/"右对齐"命令；也可在工具栏中点击"左对齐"/"右对齐"图标，实现设备之间的左对齐/右对齐。

（3）横向平均/纵向平均。如图 7-9 所示，选择三个(或三个以上)设备，右击，在弹出的快捷菜单中选择"布局"→"横向平均"/"纵向平均"命令；也可点击工具栏中的"横向平均"/"纵向平均"图标。横向平均的作用是使设备之间的水平间隔距离一致，纵向平均的作用是使设备之间的垂直间隔距离一致。

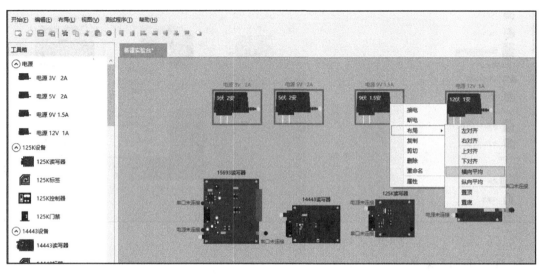

图 7-9　选择"横向平均"/"纵向平均"命令

（4）置顶/置底。选择一个或多个设备，右击，在弹出的快捷菜单中选择"布局"→"置顶"/"置底"命令(图 7-10)；也可以点击工具栏中的"置顶"/"置底"图标。当点击"置顶"图标时，后面的设备会显示在前面；当点击"置底"图标时，后面的设备会显示在底部。

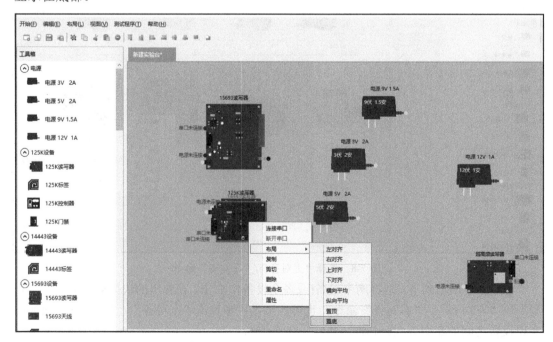

图 7-10　选择"置顶"/"置底"命令

4)　"视图"菜单

(1) 工具箱。点击"视图"菜单红框中的"工具箱"选项，如图 7-11 所示，在虚拟仿真平台左侧显示工具箱列表。

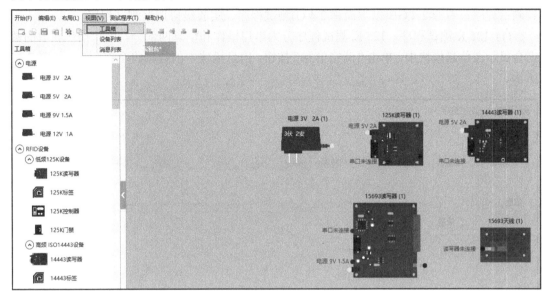

图 7-11　选择"工具箱"选项

(2) 设备列表。点击"视图"菜单红框中的"设备列表"选项，如图 7-12 所示，在虚拟仿真平台右侧显示设备列表。

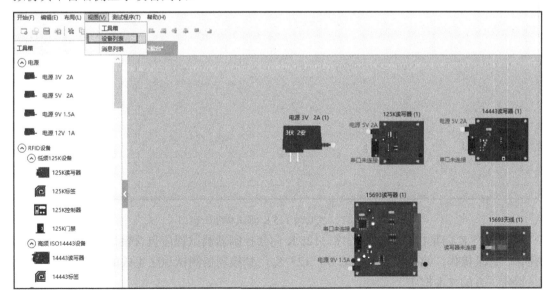

图 7-12　选择"设备列表"

(3) 消息列表。点击"视图"菜单中的"消息列表"选项，在虚拟仿真平台右侧显示消息列表。

5) "测试程序"菜单

"测试程序"菜单主要是对虚拟平台各个设备进行测试,包括125 KB(以下简称125 K)测试程序、125 K门禁控制器测试程序、ISO14443测试程序、ISO15693测试程序、超高频测试程序、有源2.4 GB(以下简称2.4 G)测试程序、实验级协调器测试程序。

(1) 125 K测试程序。125 K测试程序分为串口操作和信息两部分。串口操作获取的数据会显示在信息模块中。单击"清空信息"按钮,信息模块中的数据将全部删除,如图7-13所示。

图7-13 "低频125 K测试程序"窗口

(2) 125 K门禁控制器测试程序。125 K门禁控制器测试程序包含串口号操作、标签号操作、记录操作、数据显示四个部分。125 K门禁控制器测试程序生成的数据将显示在记录操作下方的文本框中。

(3) ISO14443测试程序。ISO14443测试程序主要用于测试14443设备,测试程序包含两部分:左侧部分有串口操作、寻卡操作、认证操作、读写操作、认证读写测试、自动寻卡和电子钱包,主要是对14443读写器和标签的一些基本操作;右侧部分是左侧各种操作返回数据的展示平台,如图7-14所示。点击"结果另存为"按钮,在弹出的对话框中可进行另存为操作。单击"清空"按钮,系统自动将右侧展示平台中的数据清空。

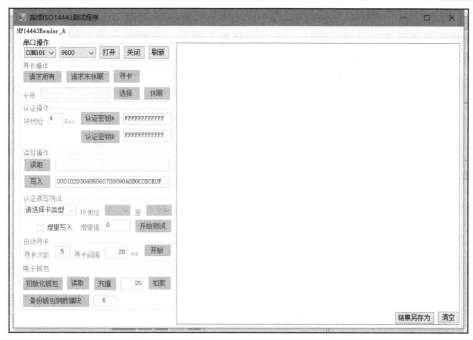

图 7-14　"高频 ISO14443 测试程序"窗口

(4) ISO15693 测试程序。ISO15693 测试程序用于测试 15693 设备。ISO15693 测试程序包含串口、寻卡、命令、多路复用器、读取单个数据块、信息显示。串口部分主要是打开 15693 读写器的串口，寻卡是搜寻天线场区内的标签号，命令是对 15693 标签的一些操作，如图 7-15 所示。

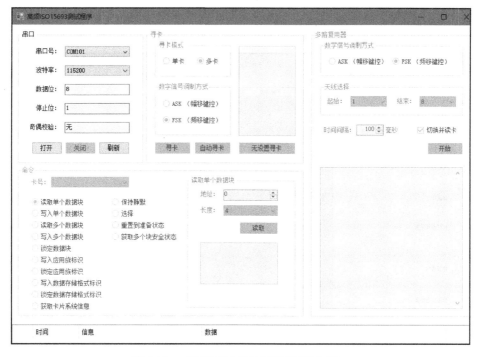

图 7-15　"高频 ISO15693 测试程序"窗口

(5) 超高频测试程序。超高频测试程序包括两部分，左侧部分有串口操作、标签识别操作和标签数据操作，是对 15693 标签的一些基本操作；右侧部分是左侧各种操作返回数据的展示平台，如图 7-16 所示。

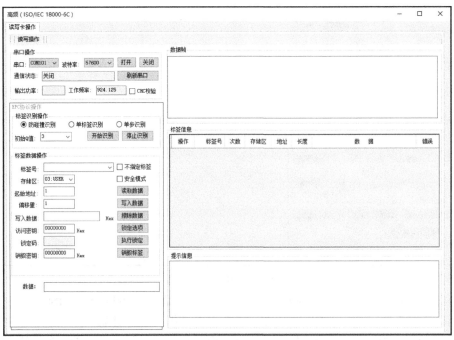

图 7-16　"高频(ISO/IEC 18000-6C)"窗口

(6) 有源 2.4 G 测试程序。有源 2.4 G 测试程序包含三个部分：左侧部分有通信设置、读写器 ID、标签 ID、标签信号强度、标签周期和标签状态切换，中间部分显示标签 ID、识别计数和实时信息等信息，右侧部分显示标签返回的数据帧，如图 7-17 所示。

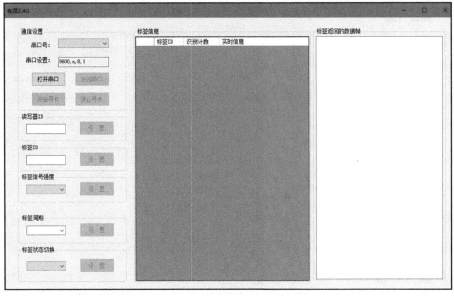

图 7-17　"有源 2.4G"窗口

(7) 实验级协调器测试程序。点击"协调器设置""PING""清空""重启"按钮，可进行协调器测试，按钮下方的四个表格会显示获取的相应数据，如图 7-18 所示。

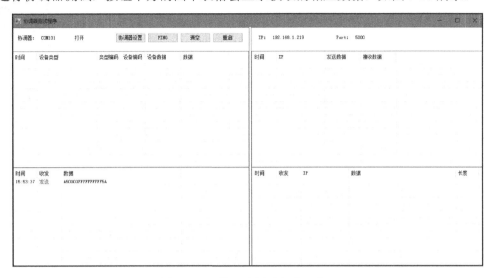

图 7-18　"协调器测试程序"窗口

4. 设备详情

下面对工具箱中的各个设备进行介绍。选中工具箱中要拖动的设备，按住鼠标左键，拖入实验台。

注意： 在使用测试程序时，选择串口时可能会出现 COM1101、COM1102 等，用户不需要选择这些串口号，因为虚拟仿真平台在虚拟设备的同时也虚拟了串口号，为了使串口能正常通信，需要虚拟出一对串口，所以为了让用户对串口不混淆，使 COM101 对应 COM1101，COM102 对应 COM1102……

1) 电源

电源是设备中必不可少的设备，大部分设备工作是需要连接电源的，如图 7-19 所示。

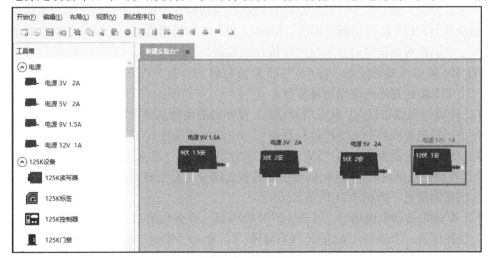

图 7-19　电源界面

(1) 电源 3V 2A：有源 2.4 G 设备的工作电源。

(2) 电源 5V 2A：适用于大部分设备，如 14443 设备、超高频设备等。

(3) 电源 9V 1.5A：15693 设备的工作电源。

(4) 电源 12V 1A：无线传感器网络实验级设备的工作电源。

2) 125 K 设备

视频 7-1

125 K 设备主要有 125 K 读写器、125 K 标签、125 K 控制器和 125 K 门禁，其中每个设备都有自己的属性(125 K 门禁没有属性，只有开和关)，如图 7-20 所示。

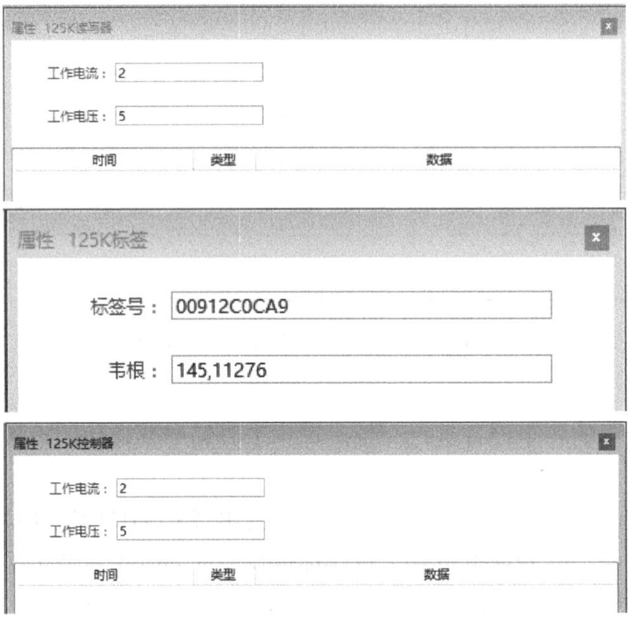

图 7-20　125 K 设备的属性

125 K 读写器的属性包括工作电源和工作电压。当读写器工作时，还会显示读写器利用串口通信发送的数据和接收的数据。但是 125 K 读写器不会从串口接收数据，只会发送数据，并且只会识别一张卡。125 K 标签的属性包括标签号和韦根数据，韦根数据用于门禁控制器当中。125 K 控制器的属性、原理与 125 K 读写器类似，当连接门禁控制器正常工作时，在属性对话框中会显示发送和接收的数据。

(1) 125 K 读写器的使用。将一个 125 K 读写器、一个"5V 2A"的电源、一个 125 K 标签拖入虚拟仿真平台。

125 K 读写器设备接电：右击电源设备，在弹出的快捷菜单中选择"接电"命令，将电源线移到 125 K 读写器即可。电源线成功接入 125 K 读写器后，125 K 读写器旁红色的"5V 2A"文字会消失。将 125 K 标签加入

视频 7-2

125 K 读写器的场区内时，125 K 标签中心的灰色部分也会变成黄色，场区与标签的虚线也会由灰色变为黄色，如图 7-21 所示。

125 K 读写器接电成功后，右击 125 K 读写器，在弹出的对话框中选择"连接串口"命令，选择任意一个串口，如选择"COM101"，单击"确定"按钮。

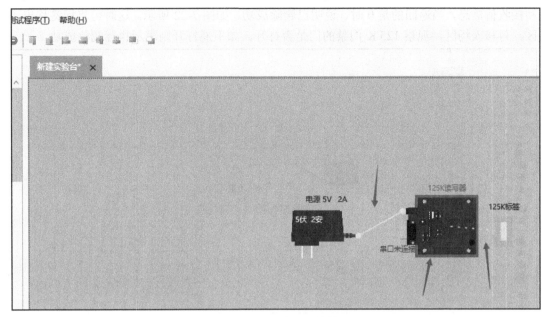

图 7-21　125K 读写器的使用

成功选择串口后，即可用 125 K 测试程序进行测试。125 K 读写器的寻卡方式与一般的寻卡方式不一样，如果 125 K 标签一直在场区内，125 K 读写器不会识别，只有当 125 K 标签第一次加入场区内时 125 K 读写器才会识别。例如，将 125 K 标签拖动移出 125 K 读写器场区，然后将 125 K 标签移入场区，看是否可以读取到 125 K 标签。

读取 125 K 标签的方式有两种，一种是打开 125 K 测试程序，另一种是打开 125 K 读写器属性。打开 125 K 读写器属性后，将 125 K 标签移出场区，再移入场区内，循环执行这几步操作。

打开 125 K 测试程序，选择与 125 K 读写器设定的串口相一致的串口。例如，若 125 K 读写器选择"COM101"，那么在测试程序中也需要选择"COM101"，只有保证串口号一致，才能进行串口通信。需要注意的是，如果选择不对应的测试程序进行测试，也读不到标签号，甚至还会出现异常等信息。因为每个设备对应的测试程序不一样，所以其接口也不同。

(2) 125 K 门禁控制器的使用。将一个或两个"5V 2A"电源、一个 125 K 读写器、一个 125 K 控制器、一个 125 K 门禁、一个 125 K 标签拖到虚拟仿真平台中。

125 K 读写器和 125 K 控制器分别接上电源，125 K 读写器连接 125 K 控制器，125 K 门禁连接 125 K 控制器。连接成功后，设置 125 K 控制器的串口号。

接线成功后，打开测试程序中的 125 K 门禁控制器测试程序。单击"打开串口"按钮，成功打开串口后，选择要加入 125 K 门禁控制器的标签。右击该标签，弹出该标签的属性对话框，复制 125 K 标签的韦根数据，将该数据粘贴到测试程序的标签号文本框中，单击"添加"按钮。

添加成功后，将 125 K 标签移出场区，再移入场区。如果 125 K 门禁中的门打开，则表示添加成功，然后双击门禁控制器的属性，观察发送的数据。

在 125 K 门禁控制器测试程序中执行删除操作，观察 125 K 门禁控制器属性的发送值和接收值信息，当返回的是 0 时，说明已删除成功，如图 7-22 所示。这时可将标签移出场区，再移入场区，观察 125 K 门禁的门是否打开，如不能打开则表示执行删除成功。

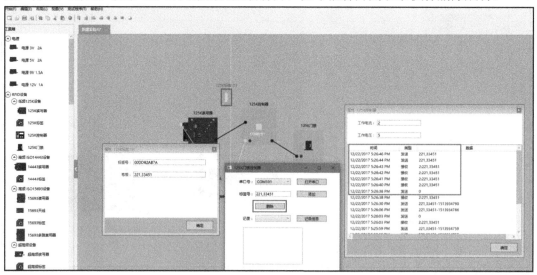

图 7-22　　125 K 门禁控制器的使用

3) 14443 设备

14443 设备包括 14443 读写器和 14443 标签。14443 读写器的属性与 125 K 读写器的属性相同，只不过它们发送和接收的数据是不一样的；14443 标签的属性展示的是 14443 标签的卡结构。14443 设备的使用方法如下：

视频 7-3

给 14443 读写器连接"5V 2A"电源，设置读写器的串口号，将 14443 标签加入场区内，然后打开 14443 测试程序，打开 14443 读写器的属性和 14443 标签的属性。测试时注意观察 14443 读写器的属性值变化和 14443 标签的属性值变化。

在测试程序中选择与读写器编号相同的串口，单击"打开串口"按钮。打开成功后，可查看 14443 读写器的属性和 14443 测试程序的信息。如图 7-23 所示，在 14443 读写器中显示串口接收到的数据及发送的数据，用户可根据自己的需求确定是否需要这些数据。

在 14443 标签的属性中可观察到有 16 个扇区，每个扇区又有 4 块。如图 7-24 所示，每个块区有自己的块地址，所以 14443 标签有 64 个扇区，块地址是 0～63。

扇区 0 中的块 0 存储的是该标签的厂商信息，是不可写的。其中厂商信息的前 8 个字符就是该标签的标签号。而每个扇区的第 4 块，如扇区 0 的块 3(第 4 块块地址就是 3)，其前 12 个字符存储该扇区的 A 密钥，后 12 个字符存储该扇区的 B 密钥，中间部分存储该扇区的控制权限。默认的 A、B 密钥都是 F；默认的控制权限是 FF078069，表示最高的控制权限。一般将扇区的前 3 块称为数据块，这些数据块可随意写任何十六进制数据，也可作为电子钱包；扇区的第 4 块称为控制块，该块存储的是该扇区的 A 密钥、B 密钥和控制权限，所以不能随意写，否则不仅会导致该扇区密钥验证失败，还可能导致该扇区无法进行读写操作等。

下面对测试程序功能的使用以及属性标签值的变化进行介绍。

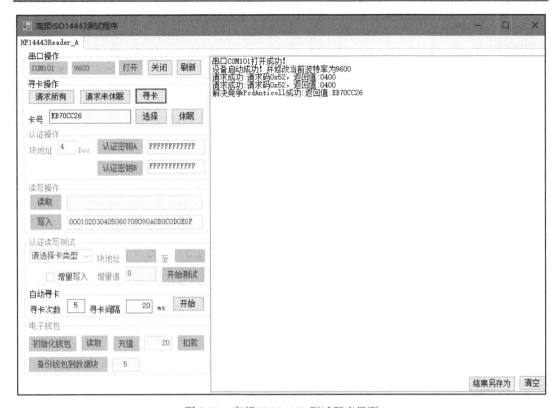

图 7-23　高频 ISO14443 测试程序界面

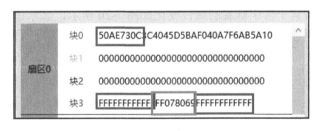

图 7-24　扇区

（1）请求所有：使读写器可与标签进行通信，读写器就可识别标签。即使标签是休眠状态，执行此操作后休眠状态将变成正常状态。操作成功后会在测试程序中提示成功。

（2）请求未休眠：使读写器识别未休眠的标签，休眠的标签不会去识别。操作成功后会在测试程序中提示成功。

（3）寻卡：读写器读取到场区内的 14443 标签，然后利用串口通信将数据发送给测试程序。操作成功后会在测试程序中提示成功并且显示此标签号。

注意：14443 读写器只会识别一张标签。

（4）选择：选择读取到的标签，选择成功后即可对标签进行后续操作。

（5）休眠：将读取到的标签进行休眠。执行休眠操作时，在执行寻卡操作时不会读取到该标签。只有重新执行"请求所有"操作才可重新唤醒场区内休眠的卡；当执行"请求未休眠"操作时，会提示"场区内无标签"，如图 7-25 所示。

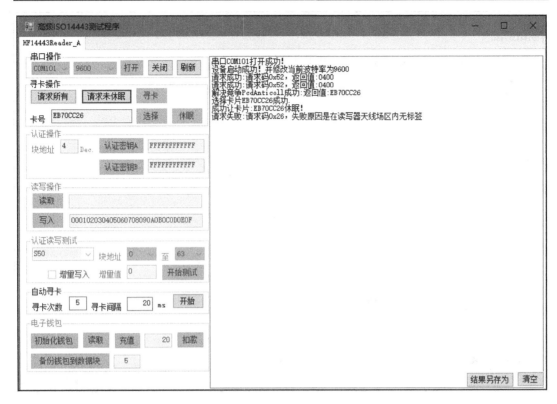

图 7-25　14443 标签休眠界面

此时，在虚拟仿真平台中标签的属性变化如图 7-26 所示，显示该标签进入休眠。

图 7-26　14443 标签属性界面

(6) 密钥认证：选卡成功后，就需要进行标签的密钥认证操作了。在测试程序中用块地址 4 作为测试，块地址 4 所属扇区 1，所以需要验证扇区 1 的密钥，只有验证密钥成功后才可对标签进行读写操作。因为未对该扇区的权限进行任何更改，所以验证 A 密钥或 B 密钥都可行。

(7) 读取：读取的测试程序通过串口将读取命令发送到虚拟仿真平台中，虚拟仿真平台识别返回该块地址的数据，从而实现数据的读取操作。

将地址改为 7，单击"读取"按钮。块地址 7 是扇区 1 的第 4 块，所以读取到的数据有扇区 1 的 A 密钥、控制权限和 B 密钥。需要注意的是，读取扇区的控制块时，A 密钥是无法显示出来的，如图 7-27 所示。

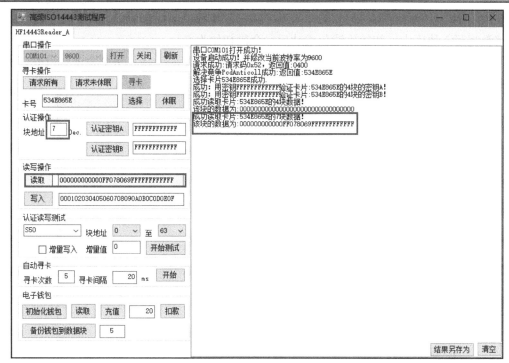

图 7-27　读取块地址 7

(8) 写入：写入时将数据通过串口通信写入标签中，如写入成功会返回成功信息，写入失败则返回失败信息。写入成功后，可在虚拟仿真平台的标签属性中看到该块地址的数据变化，如图 7-28 所示。

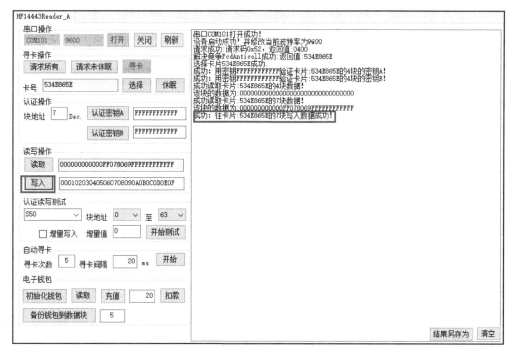

图 7-28　写入成功界面

(9) 初始化钱包：将块地址 4 作为电子钱包，执行电子钱包成功后，会按照规定的格式将数据写入块区中。初始化钱包成功后，金额初始为 0。

(10) 读取：读取的是电子钱包块的金额数，如果不是电子钱包块则会读取失败。因为没有执行充值操作，所以读取到的金额为 0，如图 7-29 所示。

图 7-29　读取钱包金额成功界面

(11) 充值：向块地址 8(作为电子钱包的块区)充值 20 元，充值成功后，会在标签的属性中显示此金额的信息。充值 20 元成功后，在虚拟仿真平台的标签属性中块地址 4 的块区数据发生了改变，前两个字符 14 由十六进制转化为十进制，即 20。

(12) 扣款：向块地址 4(作为电子钱包的块区)扣款 10 元，扣款成功后，会在标签的属性中显示此金额的信息，如图 7-30 所示。

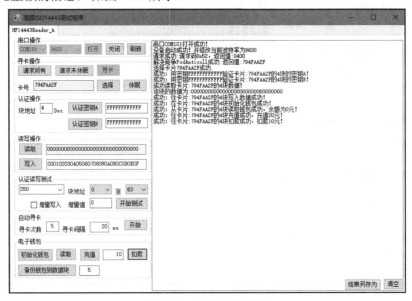

图 7-30　扣款成功界面

(13) 备份钱包到数据块：将作为电子钱包块的金额备份到其他块区中去。测试程序中将电子钱包块备份到块地址 5 中。将电子钱包数据备份到块 5 中后，标签属性中扇区 1 块 5 的数据变化。

4) 15693 设备

15693 设备包括 15693 读写器、15693 天线、15693 标签和 15693 多路复用器，如图 7-31 所示。15693 设备的使用有两种方式：一种是 15693 读写器连接天线，再识别标签；一种是 15693 读写器连接 15693 多路复用器，15693 多路复用器接 8 个天线，每个天线可放置一个 15693 标签。15693 多路复用器有 8 个孔，可连接 8 个天线。

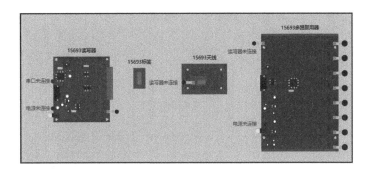

图 7-31　15693 设备

15693 设备中，多路复用器和天线的属性是没有意义的，只有读写器和标签有意义。读写器的属性是可以查看数据的发送与接收，标签的属性是可以查看卡片的存储结构。

(1) 15693 读写器连接天线。在虚拟仿真平台中拖入一个 "9V 1.5A" 电源、一个 15693 读写器、一个 15693 天线和一个 15693 标签。15693 电源连接 15693 读写器，15693 天线连接 15693 读写器，将 15693 标签加入 15693 天线的场区内。右击 15693 读写器，在弹出的的快捷菜单中选择 "连接串口" 命令，串口号默认选择 COM101，如图 7-32 所示。设备连接成功后，运行 15693 测试程序，通过对测试程序的操作来掌握 15693 设备。15693 设备测试程序界面如图 7-33 所示。

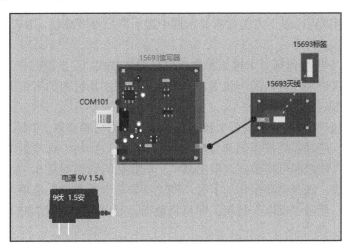

图 7-32　15693 设备连接天线界面

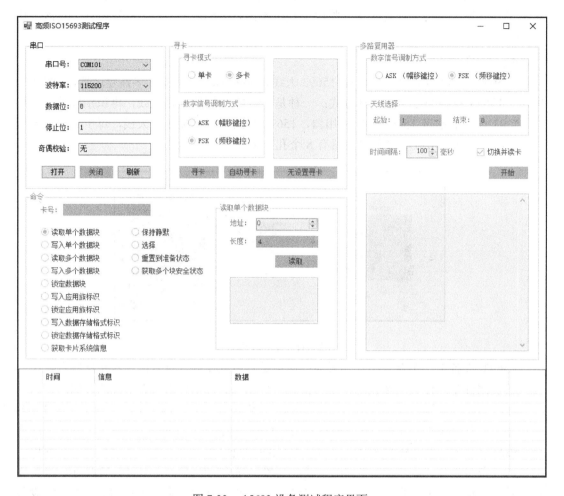

图 7-33　15693 设备测试程序界面

① 串口。在测试程序中选择与虚拟仿真平台 15693 读写器相同的串口号，单击"打开"按钮。若在测试程序最下方的数据显示框中提示串口打开成功，则表示串口已经打开，可进行寻卡操作。

② 寻卡。寻卡模块包括寻卡模式和数字信号调制方式。寻卡模式分为单卡和多卡，单卡是指在寻卡时只识别场区内的一张卡，多卡则是指识别场区内的多张卡。数字信号调制方式有 ASK 和 FSK。

③ 读取。读取操作包括读取单个数据块、多个数据块和获取卡片系统信息三个操作。读取单个数据块，选择需要操作的卡号，在"读取单个数据块"选项组中选择要读取的地址，单击"读取"按钮即可将数据读取出来，一般默认的数据都是 0，如图 7-34 所示。若要读取多个数据块，选择需要操作的卡号，在"读取多个数据块"选项组中选择要读取数据的地址和数量，单击"读取"按钮，即可将数据读取出来，如图 7-35 所示。

图 7-34 读取单个数据块界面

图 7-35 读取多个数据块界面

④ 写入。写入是将数据写入规定的标签中。写入操作包括写入单个数据块、写入多个数据块、写入应用族标识和写入数据存储格式标识。

写入单个数据块时，在"写入单个数据块"选项组中选择要写入标签的地址和数据，然后将数据写入标签中。写入成功后，读写器会返回一串成功的数据给测试程序，然后该标签属性中的数据也会发生改变。"写入单个数据块"选项组中有三个选项，分别是地址、长度以及要写入的内容。

视频 7-4

地址就是标签块区的地址，一般是 0～28，默认为 4。这里的 4 指的是 4 字节，即用户需要输入 8 个字符，如小于或者大于 8 个字符，会接收到错误的数据，提示写入失败。当写入成功后，会提示写入数据成功，如图 7-36 所示。

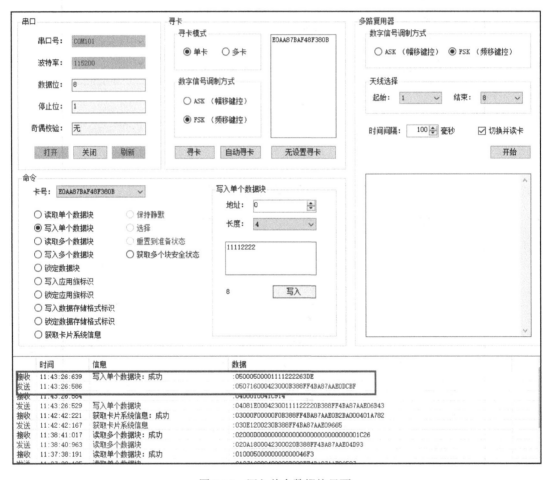

图 7-36　写入单个数据块界面

在虚拟仿真平台的 15693 读写器接收到测试程序传输过来的数据并进行处理，然后返回一串数据，同时标签对应地址的块区的数据将发生改变。

写入多个数据块时，在"写入多个数据块"选项组中选择要写入数据的地址和数量，单击"写入"按钮。提示写入成功后，标签属性也会发生改变，其原理与写入单个数据块相同，如图 7-37 所示。在写入数据时必须保证写入的是十六进制数据。

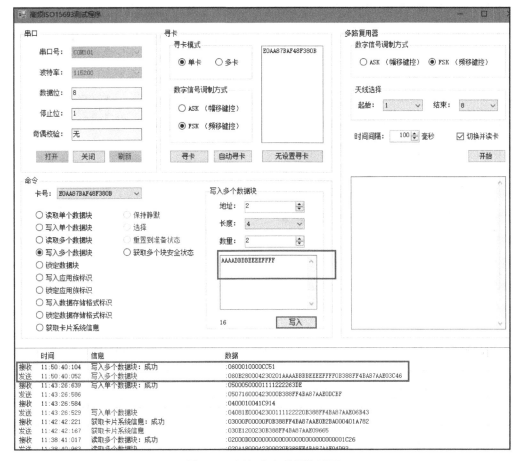

图 7-37　写入多个数据块界面

(2) 15693 读写器连接 15693 多路复用器。

在虚拟仿真平台中拖入一个 "9V 1.5A" 电源、一个 15693 读写器、一个 15693 多路复用器、八个 15693 标签和八个 15693 天线。在拖动八个 15693 标签和 15693 天线时用户可使用复制功能，选择标签或者天线，按 "Ctrl + C" 组合键复制，按 "Ctrl + V" 组合键粘贴。

视频 7-5

电源连接 15693 读写器和 15693 多路复用器，15693 多路复用器连接 15693 读写器，八个 15693 天线连接 15693 多路复用器，如图 7-38 所示。用户可根据工具栏中的按钮对这些天线和标签进行左对齐或者右对齐操作以及纵向平均操作，使这些设备排列较为美观。需要注意的是，15693 多路复用器从上到下的通道号分别为 1~8。

运行测试程序，打开与 15693 读写器对应的串口，在测试程序中的 15693 多路复用器模块中选择数字信号调制方式(一般为默认)，选择 15693 天线的起始号和结束号，即天线在跳转时的开始和结束，还可设置跳转的时间间隔(默认即可)。设置完成后，单击 "寻卡" 按钮，即可寻取到多路复用器天线中的所有标签号。

测试程序会设置 15693 多路复用器的通道号，并且读取该通道天线场区内的标签号。虚拟仿真平台根据发送的数据跳转 15693 多路复用器的通道号，并且识别标签号。

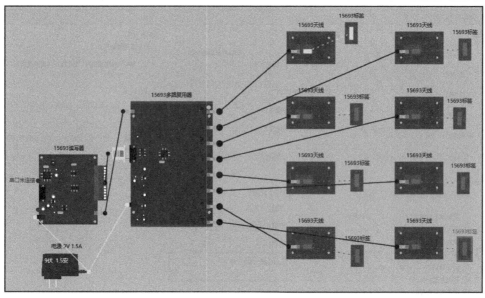

图 7-38　　15693 读写器连接 15693 多路复用器界面

5) 超高频设备

超高频设备包括超高频读写器和超高频标签，其使用方法与 14443 设备相同。要使用超高频设备，首先需要连接一个 "5V 2A" 电源、一个超高频读写器和超高频标签。电源连接超高频读写器，超高频标签加入超高频读写器的场区内，并且设置超高频读写器的串口号。其中超高频读写器的属性与其他读写器的属性相同，超高频标签属性展示的是超高频标签的卡结构。

在超高频标签中有四个存储区，分别是保留内存、EPC 存储区、TID 存储区和用户存储区，如图 7-39 所示。

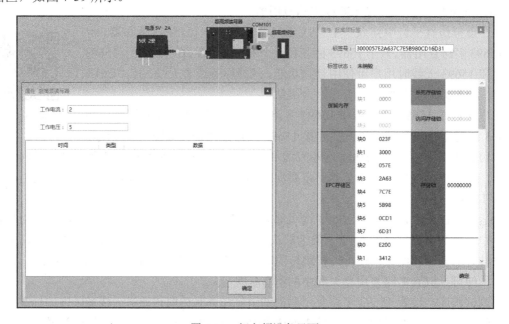

图 7-39　超高频设备界面

保留内存：存储的是访问口令和杀死口令，这些口令的验证前提是进入安全模式。杀死口令用于销毁标签操作，访问口令用于对存储区数据的读取和写入操作。

EPC 存储区：存储的是校验位和标签号，不建议更改该块区的数据。

TID 存储区：存储的是超高频设备的一些标准信息和产品信息等，不同厂家的超高频标签 TID 存储区的块区也是不一样的，该区块是不可写的。

用户存储区：用户自定义的存储区，用户可在该存储区进行数据的读取和写入操作。

超高频读写器连接电源，选择串口成功后，打开超高频测试程序。通过操作超高频测试程序，可对超高频读写器和标签有一个深入的认识。

超高频读写器的操作与 14443 读写器类似，每次操作测试程序都会有数据通过串口传输到读写器中，读写器根据提供的数据进行解析，从而返回对应的数据，如图 7-40 所示。

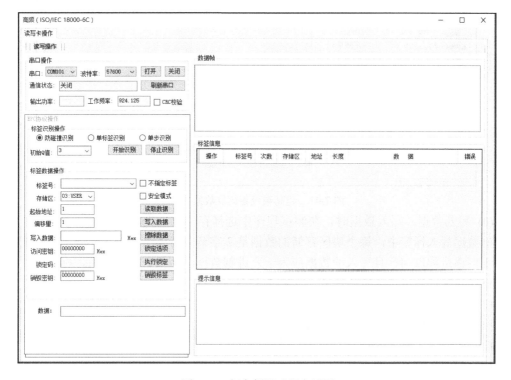

图 7-40　超高频测试程序界面

(1) 串口操作。串口操作主要指打开串口和关闭串口。

打开串口：在测试程序中选择串口号(与读写器串口一致)，单击"打开"按钮打开串口。成功打开串口后，与读写器建立通信，在建立通信中会发送数据给读写器，读写器接收到数据并返回成功后，才可说明建立通信成功。

关闭串口：关闭与读写器的通信连接。

(2) 标签识别操作。标签识别操作有三种：防碰撞识别、单标签识别和单步识别。

防碰撞识别：实时识别场区内的标签，并且返回卡号，Q 值越大，防碰撞识别数据越慢。

单标签识别：实时识别场区内的一张标签，并且返回卡号。

单步识别：读取场区内的所有标签，并且返回卡号。

（3）读取数据。读取用户存储区中的数据，设置读取数据的起始地址和偏移量。偏移量就是读取的块区数量，一般默认为 0。这里默认读取了用户存储区，用户可根据自己的要求读取其他存储区的数据，如图 7-41 所示。

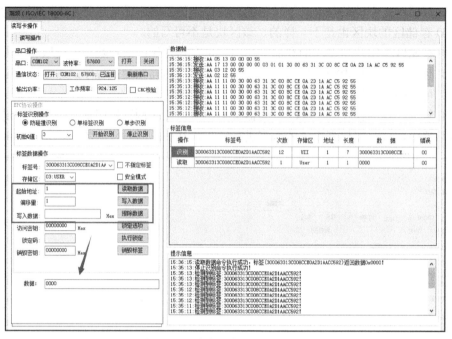

图 7-41　超高频设备读取数据界面

（4）写入数据。写入数据时，在测试程序中选择存储区，设置起始地址和偏移量。将填写的数据写入标签中，每个块区存储的数据是 2 字节，即 4 个字符。所以，写数据的长度等于偏移量乘以 4，且写入的数据应为十六进制数据。写入数据成功后，标签属性中相应存储区块区的数据也会发生改变，如图 7-42 所示。

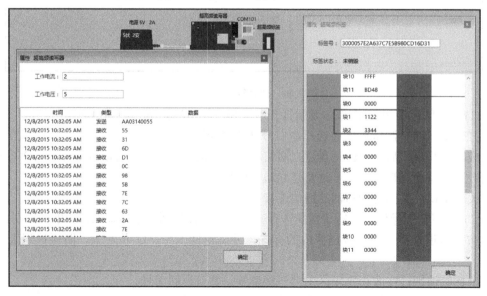

图 7-42　超高频设备写入数据界面

对保留内存存储区写入数据成功后，选中"安全模式"复选框进入安全模式。此时，在读取数据时就需要验证密码，如果输入的密码与保留内存中的访问口令不符，则会提示读取数据失败或者写入数据失败。

不建议对 EPC 存储区和 TID 存储区的数据进行任何更改。

(5) 擦除数据。擦除数据与写入数据类似，可将原来的数据还原为 0。

6）有源 2.4 G 设备

有源 2.4G 设备包括有源 2.4G 标签和有源 2.4G 读写器，有源 2.4G 读写器的工作电源是 "3V 2A" 电源，如图 7-43 所示。

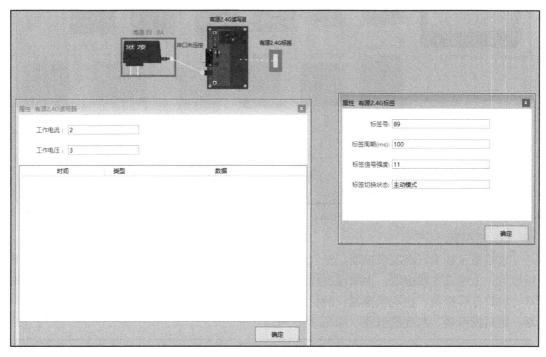

图 7-43　有源 2.4 G 设备界面

当设置串口成功且标签加入场区后，有源 2.4 G 读写器会自动将标签的信息发送出去。打开有源 2.4 G 测试程序，打开串口，单击"寻卡"按钮即可实时识别场区内的标签。

在有源 2.4 G 标签返回的数据帧中，每个帧数据都有 3 个字符，且每个帧数据之间都由空格隔开，目的是让帧数据更加美观整洁。

在测试程序中还可设置读写器 ID、标签号、标签信号强度、标签周期和标签切换状态。这些设置对有源 2.4 G 设备来说作用不大，只是会影响有源 2.4 G 读写器发送的帧数据值和读取标签的速度。

7）无线传感器网络设备

虚拟仿真平台中，无线传感器网络设备主要包括实验级设备、模拟器、条形码和二维码设备以及其他设备。利用 ZigBee 的无线自组网特性，使计算机通过网关设备，从而获取到协调器下面各个传感器节点的信息和数据信息。本虚拟仿真平台为了使虚拟出的设备更加贴近现实，还加上了各个传感器的模拟器，可以模拟出相关传感器的数据。

（1）实验级设备。

实验级设备是给学生学习无线传感器网络提供的设备。实验级设备包括网关、协调器、温湿度传感器、气压传感器、PM2.5 传感器、角度传感器、位移传感器、拉力压力传感器、超声液位传感器、转速传感器、激光测距传感器、扭矩传感器、烟雾传感器、震动传感器、红外传感器、红外对射光栅，如图 7-44 所示。

视频 7-6

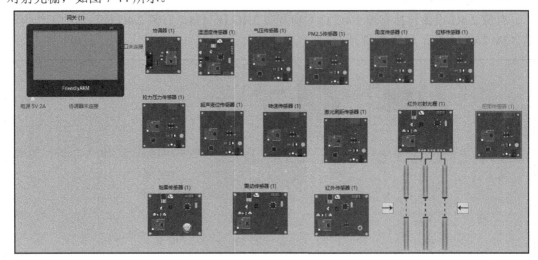

图 7-44　实验级设备展示界面

（2）模拟器。

模拟器包括空气温度模拟器、空气湿度模拟器、烟雾模拟器、震动模拟器、红外热感模拟器、土壤温度模拟器、土壤湿度模拟器、光照度模拟器、CO_2 浓度模拟器、气压模拟器、PM2.5 模拟器、扭矩模拟器、液位模拟器、位移模拟器、转速模拟器、拉力压力模拟器、距离模拟器、角度模拟器，如图 7-45 所示。

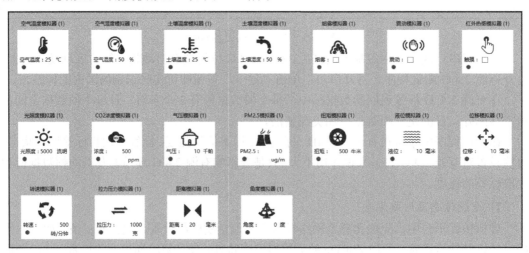

图 7-45　模拟器展示界面

在这些模拟器中，有些模拟器可以设置值的范围，也可查看这些模拟器的图表。用户可根据自己的要求来设置这些模拟器的取值范围，或者查看这些模拟器值的变化曲线，如

图 7-46 和图 7-47 所示。

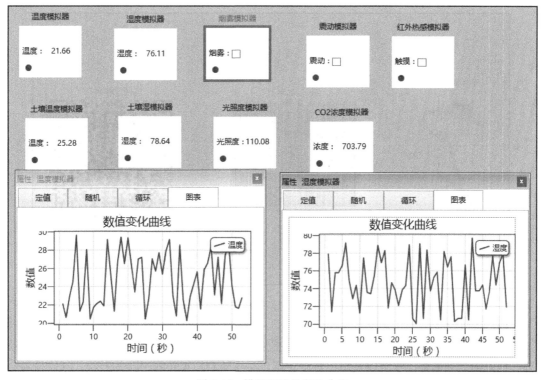

图 7-46 模拟器值的变化曲线

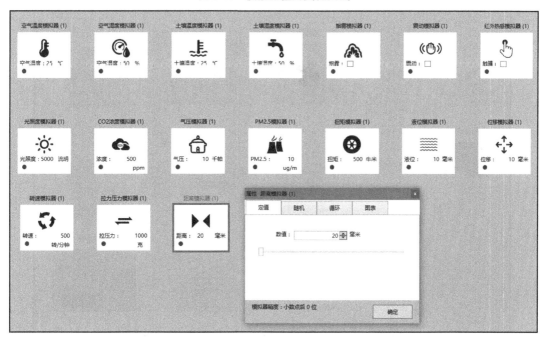

图 7-47 模拟器的取值范围设置

(3) 条形码、二维码设备。

条形码、二维码设备包括条形码模拟器、二维码模拟器以及扫码枪，其中扫码枪用于识别条形码及二维码，如图 7-48 所示。

图 7-48　条形码、二维码设备展示界面

(4) 其他设备。

其他设备主要是指虚拟仿真平台的一些扩展设备，包括灯光、风扇、电磁锁、天窗、喷灌、内遮阳、外遮阳、水帘以及串口数码管屏，后续随着虚拟仿真平台的升级，其他设备会有所增加。其他设备展示界面如图 7-49 所示。

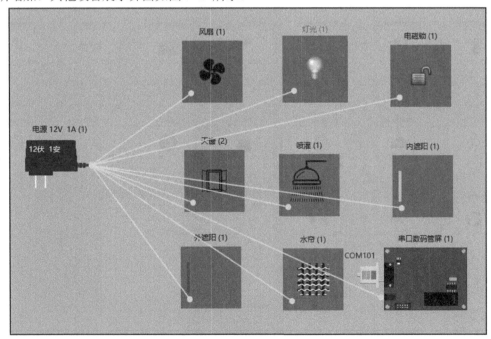

图 7-49　其他设备展示界面

以上设备除串口数码管屏之外，都是只需接上"12V 1A"电源就可进行工作；串口数码管屏还需连接串口，也可配合继电器使用。

8) 预制模板

预制模板是测试程序已经预制好的模板,这是为了使用户在搭建一些环境时节省时间。

课 后 练 习

1. 简述 125 K 读写器的使用。
2. 简述 125 K 门禁控制器的使用。
3. 14443 设备包括什么?
4. 15693 读写器如何连接天线?
5. 此虚拟仿真平台包括哪些实验级设备?

参 考 文 献

[1] 王小强，欧阳骏，黄宁淋. ZigBee 无线传感器网络设计与实现[M]. 北京：化学工业出版社，2012.

[2] 熊茂华，熊昕，甄鹏. 物联网技术与应用实践（项目式）[M]. 西安：西安电子科技大学出版社，2014.

[3] AKYILDIZ I F, VURAN M C. 无线传感器网络[M]. 徐平平，刘昊，褚宏云，译. 北京：电子工业出版社，2013.

[4] 廖建尚. 物联网平台开发及应用：基于 CC2530 和 ZigBee[M]. 北京：电子工业出版社，2016.

[5] 甘勇，尚展垒，等. C#程序设计（慕课版）[M]. 北京：人民邮电出版社，2016.

[6] 谢金龙，邓人铭. 物联网无线传感器网络技术与应用（ZigBee 版）[M]. 北京：人民邮电出版社，2016.

[7] 王汝传，孙力娟. 无线传感器网络技术及其应用[M]. 北京：人民邮电出版社，2011.